高等学校计算机基础教育教材精选

微型计算机原理与接口技术题解及实验指导（第4版）

吴宁 陈文革 主编

清华大学出版社
北京

内 容 简 介

本书是与《微型计算机原理与接口技术(第4版)》(清华大学出版社出版)配套的题解及实验指导。全书分为上、下两篇。上篇第1～8章是习题解答，包括主教材中8章全部习题的详细分析和解答。下篇第9～11章是实验指导。其中，第9章是汇编语言程序设计实验，包括汇编语言设计中的各种典型问题；第10章是基于Proteus软件平台的硬件仿真实验；第11章是基于西安唐都科教仪器公司TD-PITC实验系统开发的微机接口实验。全部实验共含19项，分为基础实验和综合实验两个层次，以帮助学生进一步巩固课堂所学内容。

本书既是与主教材配套的习题解答及实验操作指导，也可作为普通高等院校计算机硬件类课程的实验指导，可帮助读者更深入地理解和掌握教材内容，提高独立思考、分析和解决问题的能力。

图书在版编目(CIP)数据

微型计算机原理与接口技术题解及实验指导/吴宁，陈文革主编. —4版. —北京：清华大学出版社，2018(2022.9重印)
(高等学校计算机基础教育教材精选)
ISBN 978-7-302-49954-1

Ⅰ. ①微… Ⅱ. ①吴… ②陈… Ⅲ. ①微型计算机－理论－高等学校－教学参考资料 ②微型计算机－接口技术－高等学校－教学参考资料 Ⅳ. ①TP36

中国版本图书馆CIP数据核字(2018)第066119号

责任编辑：焦 虹
封面设计：常雪影
责任校对：李建庄
责任印制：宋 林

出版发行：清华大学出版社
网 址：http://www.tup.com.cn，http://www.wqbook.com
地 址：北京清华大学学研大厦A座 **邮 编**：100084
社 总 机：010-83470000 **邮 购**：010-62786544
投稿与读者服务：010-62776969，c-service@tup.tsinghua.edu.cn
质量反馈：010-62772015，zhiliang@tup.tsinghua.edu.cn
课件下载：http://www.tup.com.cn，010-83470236

印 装 者：北京富博印刷有限公司
经 销：全国新华书店
开 本：185mm×260mm **印 张**：12.75 **字 数**：298千字
版 次：2003年8月第1版 2018年8月第4版 **印 次**：2022年9月第6次印刷
定 价：38.00元

产品编号：072834-02

出版说明

在教育部关于高等学校计算机基础教育三层次方案的指导下，我国高等学校的计算机基础教育事业蓬勃发展。经过多年的教学改革与实践，全国很多学校在计算机基础教育这一领域中积累了大量宝贵的经验，取得了许多可喜的成果。

随着科教兴国战略的实施以及社会信息化进程的加快，目前我国的高等教育事业正面临着新的发展机遇，但同时也必须面对新的挑战。这些都对高等学校的计算机基础教育提出了更高的要求。为了适应教学改革的需要，进一步推动我国高等学校计算机基础教育事业的发展，我们在全国各高等学校精心挖掘和遴选了一批经过教学实践检验的优秀的教学成果，编辑出版了这套教材。教材的选题范围涵盖了计算机基础教育的三个层次，包括面向各高校开设的计算机必修课、选修课，以及与各类专业相结合的计算机课程。

为了保证出版质量，同时更好地适应教学需求，本套教材将采取开放的体系和滚动出版的方式（即成熟一本、出版一本，并保持不断更新），坚持宁缺毋滥的原则，力求反映我国高等学校计算机基础教育的最新成果，使本套丛书无论在技术质量上还是文字质量上均成为真正的“精选”。

清华大学出版社一直致力于计算机教育用书的出版工作，在计算机基础教育领域出版了许多优秀的教材。本套教材的出版将进一步丰富和扩大我社在这一领域的选题范围、层次和深度，以适应高校计算机基础教育课程层次化、多样化的趋势，从而更好地满足各学校由于条件、师资和生源水平、专业领域等的差异而产生的不同需求。我们热切期望全国广大教师能够积极参与到本套丛书的编写工作中来，把自己的教学成果与大家分享；同时也欢迎广大读者对本套教材提出宝贵意见，以便我们改进工作，为读者提供更好的服务。

我们的电子邮件地址是 jiaoh@tup.tsinghua.edu.cn。联系人：焦虹。

清华大学出版社

前言

本书是与《微型计算机原理与接口技术(第4版)》配套的题解及实验指导,是在《微型计算机原理与接口技术题解与实验指导(第3版)》基础上的改版。

全书分为上、下两篇。上篇是主教材各章的习题分析和解答,对学生进一步理解教材内容并验证对所学知识的掌握程度有一定的帮助,也为从事该课程教学的教师提供了巩固和深化课堂效果的教学环境。本书下篇为汇编语言程序设计实验、硬件仿真实验及基于物理实验环境的微机接口实验的实验指导。

在汇编语言程序设计实验中,首先较全面地介绍了汇编程序设计的实验环境和设计步骤,然后由浅入深地引入了7项汇编程序设计中的各类典型问题的实验内容。

为进一步扩充硬件实验内容,并为未来进一步开展远程不受限虚拟实验奠定基础,本次改版引入了基于Proteus仿真实验软件的硬件仿真实验。该仿真环境突破了真实物理实验环境的现状,可为读者提供更灵活、多样化的硬件设计。

在虚拟实验基础上,本书基于西安唐都科教仪器公司的TD-PITC实验平台,设计改编了5项微机接口实验,以帮助读者在真实物理环境下完成接口应用。

本书的习题解答深入浅出,对较为复杂的题目都加以简单分析,较易理解。与上一版教材相比,本书主要的修订是引入虚拟仿真实验环境设计各类硬件实验,增加了教材的通用性。同时,也没有放弃真实物理环境下的接口系统设计实验,从而使读者既能灵活设计各类硬件实验,又能对真实系统有直观的认知。本书实验内容的选取符合分层次教学的理念,每项实验都详细讲解了实验内容、实验目的和实验过程,并设计了实验习题或思考题,能够较好地帮助读者理解所学内容,提高自主动手的能力。其中,标有*的实验为选做内容。

本书硬件仿真实验部分由陈文革编写,其余内容由吴宁编写并统稿。

本书硬件接口实验采用了TD-PICT实验装置设计者设计的多项实验,在此向该装置的开发者致谢。

作　者

2018年6月

目录

上篇 主教材习题及解答

下篇 微型计算机原理与接口技术实验指导

上　篇

主教材习题及解答

第1章 基础知识

1.1 计算机中常用的计数制有哪些？

解：二进制、十六进制、十进制(BCD)、八进制。

1.2 请说明机器数和真值的区别。

解：将符号位数值化的数码称为机器数或机器码，原来的数值叫作机器数的真值。

1.3 完成下列数制的转换。

(1) 10100110B=(　　)D=(　　)H。

(2) 0.11B=(　　)D。

(3) 253.25=(　　)B=(　　)H。

(4) 1011011.101B=(　　)H=(　　)BCD。

解：(1) 166，A6H。

(2) 0.75。

(3) 11111101.01B，FD.4H。

(4) 5B.AH，(1001 0001.0110 0010 0101)BCD。

1.4 8位和16位二进制数的原码、补码和反码可表示的数的范围分别是多少？

解：原码(−127～+127)，(−32767～+32767)。

反码(−127～+127)，(−32767～+32767)。

补码(−128～+127)，(−32768～+32767)。

1.5 写出下列真值对应的原码和补码的形式。

(1) $X=-1110011B$。

(2) $X=-71D$。

(3) $X=+1001001B$。

解：(1) 原码：11110011，补码：10001101。

(2) 原码：11000111，补码：10111001。

(3) 原码：01001001，补码：01001001。

1.6 写出符号数10110101B的反码和补码。

解：$[10110101B]_{反}=11001010B$，

$[10110101B]_{补}=11001011B$。

1.7 已知 X 和 Y 的真值，求$[X+Y]_{补}=$?

(1) $X=-1110111B, Y=+1011010B$。

(2) $X=56, Y=-21$。

解：(1) $[X]_{原}=11110111B, [X]_{补}=10001001B$，

$[Y]_{原}=[Y]_{补}=01011010B$，

因此$[X+Y]_{补}=[X]_{补}+[Y]_{补}=11100011B$。

(2) $[X]_{原}=[X]_{补}=00111000B$，

$[Y]_{原}=10010101B, [Y]_{补}=11101011B$，

因此$[X+Y]_{补}=[X]_{补}+[Y]_{补}=00100011B$。

1.8 已知 $X=-1101001B, Y=-1010110B$，用补码方法求 $X-Y=$?

解：$[X-Y]_{补}=[X+(-Y)]_{补}=[X]_{补}+[-Y]_{补}$，

$[X]_{原}=11101001B, [X]_{补}=10010111B$，

$[-Y]_{原}=01010110B=[-Y]_{补}$，

因此$[X-Y]_{补}=[X]_{补}+[-Y]_{补}=11101101B$。

由于$[X-Y]_{补}$是负数，所以 $X-Y\neq-1101101$，需要对$[X-Y]_{补}$再取补码，才能获得其真值。

因此 $X-Y=[[X-Y]_{补}]_{补}=10010011=-0010011=-19$。

1.9 若给字符 4 和 9 的 ASCII 码加奇校验，应是多少？若加偶校验呢？

解：因为字符 4 中的 1 为奇数个，字符 9 中的 1 为偶数个，所以加奇校验时分别为：34H、B9H，加偶校验时分别为：B4H、39H。

1.10 若与门的输入端 A、B、C 的状态分别为 1、0、1，则该与门的输出端是什么状态？若将这 3 位信号连接到或门，那么或门的输出又是什么状态？

解：由与和或的逻辑关系知，若与门的输入端有一位为 0，则输出为 0；若或门的输入端有一位为 1，则输出为 1。所以，当输入端 A、B、C 的状态分别为 1、0、1 时，与门输出端的状态为 0；而或门的输出为 1。

1.11 要使与非门输出 0，则与非门输入端各位的状态应该是(　　)；如果使与非门输出 1，其输入端各位的状态又是什么？

解：要使与非门输出 0，则与非门输入端各位的状态应全部是 1；若使与非门输出 1，其输入端任意一位为 0 即可。

1.12 如果 74LS138 译码器的 C、B、A 这 3 个输入端的状态为 0、1、1，此时该译码器的 8 个输出端中哪一个会输出 0？

解：Y_3 将会输出 0。

1.13 图 1-1 中，$Y_1=$? $Y_2=$? $Y_3=$? 138 译码器哪一个输出端会输出低电平？

解：$Y_1=0, Y_2=1, Y_3=1$。

因为 138 译码器的输入端 C、B、A 的状态分别为 1、1、0，所以 Y_6 端会输出低电平。

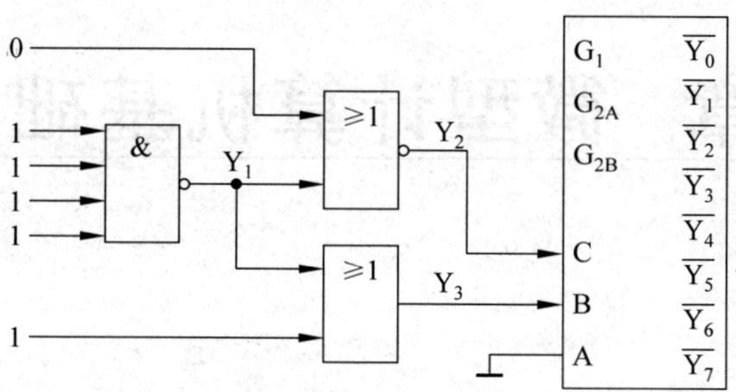

0
1
1
1
1
&
Y_1
≥1
Y_2
≥1
Y_3
1
G_1
G_{2A}
G_{2B}
C
B
A
$\overline{Y_0}$
$\overline{Y_1}$
$\overline{Y_2}$
$\overline{Y_3}$
$\overline{Y_4}$
$\overline{Y_5}$
$\overline{Y_6}$
$\overline{Y_7}$

图 1-1　138 译码电路

第2章 微型计算机基础

2.1 微处理器主要由哪几部分构成？

解：微处理器主要由运算器、控制器和内部寄存器三个部分构成。

2.2 说明8088 CPU中EU和BIU的主要功能。在执行指令时，BIU能直接访问存储器吗？

解：执行单元EU的主要功能是：执行指令，分析指令，暂存中间运算结果并保留结果的特征。

总线接口单元BIU的主要功能是：负责CPU与存储器、I/O接口之间的信息传送。

在执行指令时，BIU可以直接访问存储器。

在8088/8086 CPU中，EU和BIU可以并行工作。BIU预先从存储器中取出并放入指令预取队列，EU需要执行的指令可以从指令预取队列中获得。在EU执行指令的同时，BIU可以访问存储器，取下一条指令或指令执行时需要的数据。

2.3 8088 CPU工作在最小模式时：

(1) 当CPU访问存储器时，要利用哪些信号？

(2) 当CPU进行I/O操作时，要利用哪些信号？

(3) 当HOLD有效并得到响应时，CPU的哪些信号置高阻？

解：(1) 要利用的信号线包括：WR＃、RD＃、IO/M＃、ALE、DEN＃、DT/R＃以及$AD_0 \sim AD_7$和$A_8 \sim A_{19}$。

(2) 同上。

(3) 所有三态输出的地址信号、数据信号和控制信号均置为高阻态。

2.4 总线周期中，何时需要插入T_W等待周期？插入T_W周期的个数取决于什么因素？

解：在每个总线周期T_3的开始处若READY为低电平，则CPU在T_3后插入一个等待周期T_W。在T_W的开始时刻，CPU还要检查READY状态，若仍为低电平，则再插入一个T_W。此过程一直进行到某个T_W开始时，READY已经变为高电平，这时下一个时钟周期才转入T_4。可以看出，插入T_W周期的个数取决于READY电平维持的时间。

2.5 若8088工作在单CPU方式下，在表2-1中填入不同操作时各控制信号的状态。

表 2-1　控制信号的状态

操　　作	IO/$\overline{M}$	DT/$\overline{R}$	$\overline{DEN}$	$\overline{RD}$	$\overline{WR}$
读存储器					
写存储器					
读 I/O 接口					
写 I/O 接口					

解：不同操作时各控制信号状态如表 2-2 所示。

表 2-2　控制信号的状态

操　　作	IO/$\overline{M}$	DT/$\overline{R}$	$\overline{DEN}$	$\overline{RD}$	$\overline{WR}$
读存储器	0	0	0	0	1
写存储器	0	1	0	1	0
读 I/O 接口	1	0	0	0	1
写 I/O 接口	1	1	0	1	0

2.6　在 8086/8088 CPU 中，标志寄存器包含哪些标志位？各位为 0(为 1)分别表示什么含义？

解：在 8086/8088 CPU 中，标志寄存器包含以下标志位。

CF：进位标志位。若算术运算时最高位有进(借)位，则 CF=1，否则 CF=0。

PF：奇偶标志位。当运算结果的低 8 位中 1 的个数为偶数时，PF=1，为奇数时，PF=0。

AF：辅助进位标志位。在加(减)法操作中，D_3 向 D_4 有进位(借位)时，AF=1，否则 AF=0。

ZF：零标志位。当运算结果为零时，ZF=1，否则 ZF=0。

SF：符号标志位。当运算结果的最高位为 1 时，SF=1，否则 SF=0。

OF：溢出标志位。当算术运算的结果溢出时，OF=1，否则 OF=0。

TF：陷阱标志位。TF=1 时，使 CPU 处于单步执行指令的工作方式。

IF：中断允许标志位。IF=1 时，CPU 可以响应可屏蔽中断请求。IF=0 时，则禁止响应中断请求。

DF：方向标志位。DF=1 时，串操作按减地址方式进行。DF=0 时，串操作按增地址方式进行。

2.7　8086/8088 CPU 中，有哪些通用寄存器和专用寄存器？说明它们的作用。

解：(1) 通用寄存器包括：

① 数据寄存器 AX、BX、CX 和 DX。它们一般用于存放参与运算的数据或运算的结果。除此之外：

- AX 主要存放算术逻辑运算中的操作数，以及存放 I/O 操作的数据。
- BX 存放访问内存时的基地址。

• CX 在循环和串操作指令中用作计数器。

• DX 在寄存器间接寻址的 I/O 指令中存放 I/O 地址。在做双字长乘除法运算时，DX 与 AX 合起来存放一个双字长数。

② 地址寄存器 SP、BP、SI 和 DI。SP 存放栈顶偏移地址，BP 存放访问内存时的基地址。SP 和 BP 也可以存放数据，但它们的默认段寄存器都是 SS。SI 和 DI 常在变址寻址方式中作为索引指针。

(2) 专用寄存器包括：

① 段寄存器 CS、DS、ES 和 SS。其中，CS 是代码段寄存器，SS 是堆栈段寄存器，DS 是数据段寄存器，ES 是附加数据段寄存器。段寄存器用于存放段起始地址的高 16 位。

② 控制寄存器 IP、FLAGS。IP(Instruction Pointer)称为指令指针寄存器，用于存放预取指令的偏移地址。CPU 取指令时总是以 CS 为段基址，以 IP 为段内偏移地址。当 CPU 从 CS 段中偏移地址为(IP)的内存单元中取出指令代码的一个字节后，IP 自动加 1，指向指令代码的下一个字节。用户程序不能直接访问 IP。FLAGS 称为标志寄存器或程序状态字(PSW)，它是 16 位寄存器，但只使用其中的 9 位，这 9 位包括 6 个状态标志和 3 个控制标志(参见主教材中图 2-9)。

2.8 8086/8088 系统中，存储器为什么要分段？一个段最大为多少字节？最小为多少字节？

解：主要目的是便于存储器的管理，使得可以用 16 位寄存器来寻址 20 位的内存空间。一个段最大为 64KB，最小为 16B。

2.9 在 8088 CPU 中，物理地址和逻辑地址是指什么？已知逻辑地址为 1F00：38A0H，如何计算出其对应的物理地址？若已知物理地址，其逻辑地址唯一吗？

解：物理地址是 CPU 存取存储器所用的地址。逻辑地址是段和偏移形式的地址，即汇编语言程序中使用的存储器地址。

若已知逻辑地址为 1F00:38A0H，则对应的物理地址＝1F00×16＋38A0＝228A0H。

若已知物理地址，其逻辑地址不是唯一的。一个物理地址可以对应于不同的逻辑地址。如 228A0H 对应的逻辑地址可以是 1F00H:38A0H、2000H:28A0H、2200H:08A0H 等。

2.10 若 CS＝8000H，则当前代码段可寻址的存储空间的范围是多少？

解：CS＝8000H 时，当前代码段可寻址的存储空间范围为 80000H～8FFFFH。

2.11 8086/8088 CPU 在最小模式下的系统构成至少应包括哪些基本部分(器件)？

解：至少应包括 8088 CPU、8284 时钟发生器、8282 锁存器(3 片)和 8286 双向总线驱动器。

2.12 在主教材的图 2-34 中，若设备接口 0 和设备接口 1 同时申请总线，哪一个设备接口将最先获得总线控制权？为什么？

解：本题中图如图 2-1 所示(对应主教材中的图 2-34)。由图可知，设备接口 0 先获得总线控制权。因为设备接口 0 将截获总线回答信号 BG，使 BG 不会传送到设备接口 1。

2.13 在南北桥结构的 80x86 系统中，PCI 总线是通过什么电路与 CPU 总线相连的？ISA 总线呢？

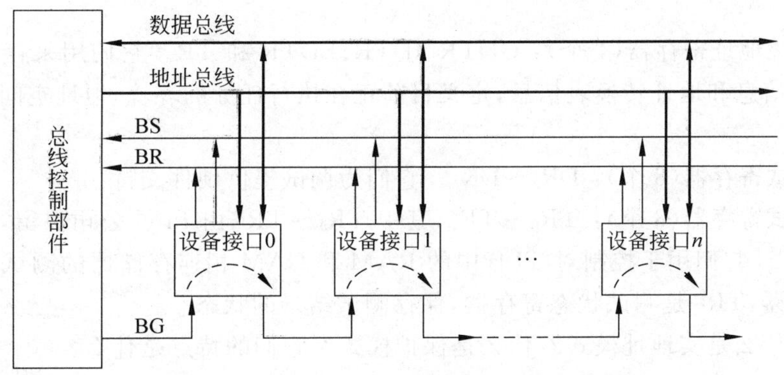

图 2-1　链式查询方式

解：PCI 总线通过北桥芯片与 CPU 总线相连，ISA 总线则通过南桥芯片与 PCI 总线相连。

2.14　现代微机系统中，总线可分为哪些类型？主要有哪些常用系统总线和外设总线标准？

解：按传送信息的类型分，总线可以分为：

- 数据总线 DB——传输数据信息；
- 地址总线 AB——传输存储器地址和 I/O 地址；
- 控制总线 CB——传输控制信息和状态信息。

按层次结构分，总线可以分为：

- 前端总线；
- 系统总线；
- 外设总线。

常用的系统总线标准有 PCI 总线、PCI-E 总线等；常用的外设总线标准有 USB 总线。

2.15　80386 CPU 包含哪些寄存器？各有什么主要用途？

解：80386 CPU 共有 7 类 34 个寄存器。它们分别是通用寄存器、指令指针和标志寄存器、段寄存器、系统地址寄存器、控制寄存器、调试和测试寄存器。

(1) 通用寄存器(8 个)：EAX，EBX，ECX，EDX，ESI，EDI，EBP 和 ESP。每个 32 位寄存器的低 16 位可单独使用，同时 AX、BX、CX、DX 寄存器的高、低 8 位也可分别当作 8 位寄存器使用。它们与 8088/8086 中相应的 16 位通用寄存器作用相同。

(2) 指令指针和标志寄存器：指令指针 EIP 是一个 32 位寄存器，存放下一条要执行的指令的偏移地址。标志寄存器 EFLAGS 也是一个 32 位寄存器，存放指令的执行状态和一些控制位。

(3) 段寄存器(6 个)：CS，DS，SS，ES，FS 和 GS。在实模式下，它们存放内存段的段地址。在保护模式下，它们被称为段选择符，其中存放的是某一个段的选择符。当选择符装入段寄存器时，80386 中的硬件会自动用段寄存器中的值作为索引从段描述符表中取出一个 8 个字节的描述符，装入与该段寄存器相应的 64 位描述符寄存器中。

(4) 控制寄存器(4 个)：CR0、CR1、CR2 和 CR3。它们的作用是保存全局性的机器状态。

(5) 系统地址寄存器(4 个)：GDTR、IDTR、LDTR 和 TR。它们用来存储操作系统需要的保护信息和地址转换表信息，定义目前正在执行任务的环境，地址空间和中断向量空间。

(6) 调试寄存器(8 个)：DR_0～DR_7。它们为调试提供硬件支持。

(7) 测试寄存器(8 个)：TR_0～TR_7，其中 TR_0～TR_5 由 Intel 公司保留，用户只能访问 TR_6、TR_7。它们用于控制对 TLB 中的 RAM 和 CAM 相连存储器的测试。TR_6 是测试控制寄存器，TR_7 是测试状态寄存器，保存测试结果的状态。

2.16 什么是实地址模式？什么是保护模式？它们的特点是什么？

解：实地址模式是与 8086/8088 兼容的存储管理模式。当 80386 加电或复位后，就进入实地址工作模式。物理地址形成与 8088/8086 一样，是将段寄存器内容左移 4 位与有效偏移地址相加而得到的，寻址空间为 1MB。

保护地址模式又称为虚拟地址存储管理方式。在保护模式下，80386 提供了存储管理和硬件辅助的保护机构，还增加了支持多任务操作系统的特别优化的指令。保护模式采用多级地址映射的方法，把逻辑地址映射到物理存储空间中。这个逻辑地址空间也称为虚拟地址空间，80386 的逻辑地址空间提供 2^{46} 的寻址能力。物理存储空间由内存和外存构成，它们在 80386 保护地址模式和操作系统的支持下为用户提供了均匀一致的物理存储能力。在保护模式下，用段寄存器的内容作为选择符(段描述符表的索引)，选择符的高 13 位为偏移量，CPU 的 GDTR 中的内容作为基地址，从段描述符表中取出相应的段描述符(包括 32 位段基地址、段界限和访问权等)。该描述符被存入描述符寄存器中。描述符中的段基地址(32 位)与指令给出的 32 位偏移地址相加得到线性地址，再通过分页机构进行变换，最后得到物理地址。

2.17 80386 访问存储器有哪两种方式？各提供多大的地址空间？

解：实模式和保护模式。实模式可提供 1MB(2^{20})的寻址空间。保护模式可提供 4GB(2^{32})的线性地址空间和 64TB(2^{46})的虚拟存储器地址空间。

2.18 如果 GDT 寄存器值为 0013000000FFH，装入 LDTR 的选择符为 0040H，试问装入缓存 LDT 描述符的起始地址是多少？

解：根据(GDTR)＝0013000000FFH，得到全局描述符表的基地址为 00130000H；再根据 LDTR 选择符内容为 0040H(0000 0000 0100 0000B)，得到索引值为 0 0000 0000 1000B，即 0008H。因为每个描述符为 8 个字节，故所装入的描述符在 GDT 中的偏移地址为(0008H－1) * 8＝0038H。所以装入缓存的 LDT 描述符的起始地址为 00130038H。

2.19 页转换产生的线性地址的三部分各是什么？

解：页目录索引、页表索引和页内偏移。

2.20 选择符 022416H 装入了数据段寄存器，该值指向局部描述符表中从地址 00100220H 开始的段描述符。如果该描述符的内容为：

```
(00100220H)=10H,(00100221H)=22H
(00100222H)=00H,(00100223H)=10H
(00100224H)=1CH,(00100225H)=80H
```

(00100226H)=01H,(00100227H)=01H

则段基址和段界限各为多少?

解:把题目给出的内容按描述符格式写为如下:

31 ... 0

0001 0000	***0000 0000***	*0010 0010*	*0001 0000*
0000 0001	0000 *0001*	1000 *0000*	***0001 1100***

64 ... 32

根据段描述符的构成可知,段基地址为 0000 0001 0001 1100 0001 0000 0000 0000B(见上图中斜黑体字部分),写成十六进制数为 011C1000H。段界限为 0001 0010 0010 0001 0000B(见上图中正常斜体字部分),写成十六进制数为 12210H。

2.21 Pentium 4 的基本程序执行环境包含哪些寄存器?

解:参见主教材第 70 页图 2-27,此处略。

2.22 什么是多核技术?多核和多处理器的主要区别是什么?

解:多核处理器是指在单枚处理器芯片上集成两个或多个完整的计算引擎(内核),而多处理器是指多枚处理器芯片。

在多核处理器中,操作系统将芯片上的每个执行内核作为分立的逻辑处理器,通过在每个执行内核间进行任务划分,以达到在特定时钟周期内执行更多任务的目的。

在单核处理器系统中,每个 CPU 都需要有较为独立的电路支持,它们之间的通信需要通过总线进行。对多核处理器系统,多核之间通过芯片内部总线进行通信,共享内存,且只需要一套控制电路支持。

多核技术的开发源于单核芯片在高速执行中会产生过多热量且无法带来性能上相应的改善。

第3章 8086/8088指令系统

3.1 什么叫寻址方式？8086/8088 CPU共有哪几种寻址方式？

解：寻址方式主要是指获得操作数所在地址的方法。8086/8088 CPU具有立即寻址、直接寻址、寄存器寻址、寄存器间接寻址、寄存器相对寻址、基址-变址寻址、基址-变址-相对寻址以及隐含寻址8种寻址方式。

3.2 设DS＝6000H，ES＝2000H，SS＝1500H，SI＝00A0H，BX＝0800H，BP＝1200H，字符常数VAR为0050H。请分别指出下列各条指令源操作数的寻址方式，并计算除立即寻址外的其他寻址方式下源操作数的物理地址。

(1) MOV AX,BX　　(2) MOV DL,80H

(3) MOV AX,VAR　　(4) MOV AX,VAR[BX][SI]

(5) MOV AL,'B'　　(6) MOV DI,ES:[BX]

(7) MOV DX,[BP]　　(8) MOV BX,20H[BX]

解：(1) 寄存器寻址。因源操作数是寄存器，故寄存器BX就是操作数的地址。

(2) 立即寻址。操作数80H存放于代码段中指令码MOV之后。

(3) 立即寻址。因为这里的VAR是字符常数。

(4) 基址-变址-相对寻址。

$$
\begin{aligned}
\text{操作数的物理地址} &= DS \times 16 + SI + BX + VAR \\
&= 60000H + 00A0H + 0800H + 0050H \\
&= 608F0H
\end{aligned}
$$

(5) 立即寻址。

(6) 寄存器间接寻址。

$$
\begin{aligned}
\text{操作数的物理地址} &= ES \times 16 + BX \\
&= 20000H + 0800H \\
&= 20800H
\end{aligned}
$$

(7) 寄存器间接寻址。

$$
\begin{aligned}
\text{操作数的物理地址} &= SS \times 16 + BP \\
&= 15000H + 1200H \\
&= 16200H
\end{aligned}
$$

(8) 寄存器相对寻址。

操作数的物理地址 = DS × 16 + BX + 20H

= 60000H + 0800H + 20H

= 60820H

3.3 假设 DS=212AH,CS=0200H,IP=1200H,BX=0500H,位移量 DATA=40H,[217A0H]=2300H,[217E0H]=0400H,[217E2H]=9000H。试确定下列转移指令的转移地址。

(1) JMP BX

(2) JMP WORD PTR[BX]

(3) JMP DWORD PTR[BX+DATA]

解:转移指令分为段内转移和段间转移,根据其寻址方式的不同,又有段内的直接转移和间接转移,以及段间的直接转移和间接转移地址。对直接转移,其转移地址为当前指令的偏移地址(即 IP 的内容)加上位移量或由指令中直接得出;对间接转移,转移地址等于指令中寄存器的内容或由寄存器内容所指向的存储单元的内容。

(1) 段内间接转移。转移目标的物理地址=CS×16+BX

=02000H+0500H

=02500H

(2) 段内间接转移。转移目标的物理地址=CS×16+[BX]

=CS+[217A0H]

=02000H+2300H

=04300H

(3) 段间间接转移。转移目标的物理地址=[BX+DATA]

=[217E2H]×16+[217E0H]

=90000H+0400H

=90400H

3.4 试说明指令 MOV BX,5[BX]与指令 LEA BX,5[BX]的区别。

解:前者是数据传送类指令,表示将数据段中以(BX+5)为偏移地址的 16 位数据送寄存器 BX。后者是取偏移地址指令,执行的结果是 BX=BX+5,即操作数的偏移地址为 BX+5。

3.5 设堆栈指针 SP 的初值为 2300H,AX=50ABH,BX=1234H。执行指令 PUSH AX 后,SP=? 再执行指令 PUSH BX 及 POP AX 之后,SP=? AX=? BX=?

解:堆栈指针 SP 总是指向栈顶,每执行一次 PUSH 指令 SP−2,执行一次 POP 指令 SP+2。所以,执行 PUSH AX 指令后,SP=22FEH;再执行 PUSH BX 及 POP AX 后,SP=22FEH,AX=BX=1234H。

3.6 判断下列指令是否正确,若有错误,请指出并改正之。

(1) MOV AH,CX　　(2) MOV 33H,AL

(3) MOV AX,[SI][DI]　　(4) MOV [BX],[SI]

(5) ADD BYTE PTR[BP],256　　(6) MOV DATA[SI],ES: AX

(7) JMP BYTE PTR[BX]　　(8) OUT 230H,AX

(9) MOV DS,BP　　　　　　　　　　(10) MUL 39H

解：(1) 指令错。两操作数字长不相等。

(2) 指令错。MOV 指令不允许目标操作数为立即数。

(3) 指令错。在间接寻址中不允许两个间址寄存器同时为变址寄存器。

(4) 指令错。MOV 指令不允许两个操作数同时为存储器操作数。

(5) 指令错。ADD 指令要求两操作数等字长。

(6) 指令错。源操作数形式错，段重设仅针对存储器操作数，寄存器操作数不存在“段”，所以也就不可能加段重设符。

(7) 指令错。转移地址的字长至少应是 16 位的。

(8) 指令错。对输入输出指令，当端口地址超出 8 位二进制数的表达范围时（即寻址的端口超出 256 个时），必须采用间接寻址。

(9) 指令正确。

(10) 指令错。MUL 指令不允许操作数为立即数。

3.7　已知 AL＝7BH，BL＝38H，试问执行指令 ADD AL，BL 后，AF、CF、OF、PF、SF 和 ZF 的值各为多少？

解：AF＝1，CF＝0，OF＝1，PF＝0，SF＝1，ZF＝0。

3.8　试比较无条件转移指令、条件转移指令、调用指令和中断指令的异同。

解：无条件转移指令的操作是无条件地使程序转移到指定的目标地址，并从该地址开始执行新的程序段，其转移的目标地址既可以在当前逻辑段，也可以在不同的逻辑段。

条件转移指令是在满足一定条件下使程序转移到指定的目标地址，其转移范围很小，只能在当前逻辑段的－128～＋127 地址范围内。

调用指令是用于调用程序中常用到的功能子程序，是在程序设计中就设计好的。根据所调用过程入口地址的位置可将调用指令分为段内调用（入口地址在当前逻辑段内）和段间调用。在执行调用指令后，CPU 要保护断点。对段内调用是将其下一条指令的偏移地址压入堆栈，对段间调用则要保护其下一条指令的偏移地址和段基地址，然后将子程序入口地址赋给 IP（或 CS 和 IP）。

中断指令是因一些突发事件而使 CPU 暂时中止它正在运行的程序，转去执行一组专门的中断服务程序，并在执行完后返回原被中止处继续执行原程序，它是随机的。在响应中断后 CPU 不仅要保护断点（即 INT 指令下一条指令的段地址和偏移地址），还要将标志寄存器 FLAGS 压入堆栈保存。

3.9　试判断下列程序执行后 BX 中的内容。

```
MOV  CL,3
MOV  BX,0B7H
ROL  BX,1
ROR  BX,CL
```

解：该程序段是首先将 BX 内容不带进位位循环左移 1 位，再循环右移 3 位。即相当于将原 BX 内容不带进位位循环右移 2 位，故结果为 BX＝0C02DH。

3.10　按下列要求写出相应的指令或程序段。

(1) 写出两条使 AX 内容为 0 的指令。

(2) 使 BL 寄存器中的高 4 位和低 4 位互换。

(3) 屏蔽 CX 寄存器的 D_{11}、D_7 和 D_3 位。

(4) 测试 DX 中的 D_0 和 D_8 位是否为 1。

解：(1)
```
MOV AX,0
XOR AX,AX            ;AX 寄存器自身相异或,可使其内容清 0
```
(2)
```
MOV CL,4
ROL BL,CL            ;将 BX 内容循环左移 4 位,可实现其高 4 位和低 4 位的互换
```
(3)
```
AND CX,0F777H        ;将 CX 寄存器中需屏蔽的位与 0,也可用或指令实现
```
(4)
```
AND DX,0101H         ;将需测试的位与 1,其余与 0 屏蔽掉
CMP DX,0101H         ;与 0101H 比较
JZ ONE               ;若相等则表示 D0 和 D8 位同时为 1
 ⋮
```

3.11 分别指出以下两个程序段的功能。

(1)
```
MOV CX,10
LEA SI,FIRST
LEA DI,SECOND
STD
REP MOVSB
```
(2)
```
CLD
LEA DI,[1200H]
MOV CX,0FF00H
XOR AX,AX
REP STOSW
```

解：(1) 该段程序的功能是将数据段中 FIRST 为首地址的 10 个字节数据按减地址方向传送到附加段 SECOND 为首址的单元中。

(2) 该段程序的功能是将附加段中偏移地址为 1200H 单元开始的 FF00H 个单元清 0。

3.12 执行以下两条指令后,标志寄存器 FLAGS 的 6 个状态位各为什么状态?

```
MOV AX,84A0H
ADD AX,9460H
```

解：执行 ADD 指令后,6 个状态标志位的状态分别为：CF＝1,ZF＝0,SF＝0,OF＝1,PF＝1,AF＝0。

3.13 将＋46 和－38 分别乘以 2,可应用什么指令来完成? 如果除以 2 呢?

解：因为对二进制数,每左移一位相当于乘以 2,右移一位相当于除以 2。所以,将＋46 和－38 分别乘以 2,可分别用逻辑左移指令(SHL)和算术左移指令(SAL)完成。SHL 指令针对无符号数,SAL 指令针对有符号数。

当然,也可以分别用无符号数乘法指令 MUL 和有符号数乘法指令 IMUL 完成。如果是除以 2,则进行相反操作,即用逻辑右移指令 SHR 或无符号数除法指令 DIV 实现＋46 除以 2 的运算,用算术右移指令 SAR 或有符号数除法指令 IDIV 实现－38 除以 2 的运算。

3.14 已知 AX＝8060H,DX＝03F8H,端口 PORT1 的地址是 48H,内容为 40H;PORT2 的地址是 84H,内容为 85H。请指出下列指令执行后的结果。

(1) OUT DX,AL
(2) IN AL,PORT1
(3) OUT DX,AX
(4) IN AX,48H
(5) OUT PORT2,AX

解：(1) 将 60H 输出到地址为 03F8H 的端口中。
(2) 从 PORT1 读入一个字节数据，执行结果：(AL)＝40H。
(3) 将 AX＝8060H 从地址为 03F8H 的端口输出。
(4) 由 48H 端口读入 16 位二进制数。
(5) 将 8060H 从地址为 85H 的端口输出。

3.15 试编写程序，统计 BUFFER 为起始地址的连续 200 个单元中 0 的个数。

解：将 BUFFER 为首地址的 200 个单元的数依次与 0 进行比较，若相等则表示该单元数为 0，统计数加 1；否则再取下一个数比较，直到 200 个单元数全部比较完毕为止。程序如下：

```
         LEA SI,BUFFER      ;取 BUFFER 的偏移地址
         MOV CX,200         ;数据长度送 CX
         XOR BX,BX          ;存放统计数寄存器清 0
AGAIN:   MOV AL,[SI]        ;取一个数
         CMP AL,0           ;与 0 比较
         JNE GOON           ;不为 0 则准备取下一个数
         INC BX             ;为 0 则统计数加 1
GOON:    INC SI             ;修改地址指针
         LOOP AGAIN         ;若未比较完则继续比较
         HLT
```

3.16 写出完成下述功能的程序段。
(1) 从地址 DS:0012H 中传送一个数据 56H 到 AL 寄存器。
(2) 将 AL 中的内容左移两位。
(3) AL 的内容与字节单元 DS:0013H 中的内容相乘。
(4) 乘积存入字单元 DS:0014H 中。

解：(1)
```
MOV DS:BYTE PTR[0012H],56H
MOV AL,[0012H]
```

(2)
```
MOV CL,2
SHL AL,CL
```

(3)
```
MUL DS:BYTE  PTR[0013H]
```

(4)
```
MOV DS:[0014H],AX
```

3.17 若 AL＝96H，BL＝12H，在分别执行指令 MUL 和 IMUL 后，其结果是多少？OF＝？CF＝？

解：MUL 是无符号数的乘法指令，它将两操作数视为无符号数；IMUL 是有符号数的乘法指令，此时，两操作数被看作有符号数。在本题中，(AL)＝96H，其最高位为 1，是负数。IMUL 指令的执行原理是先求出它的真值(即对它求补)，再做乘法运算。

执行 MUL BL 指令后，AX＝0A8CH，CF＝OF＝1；执行 IMUL BL 指令后，AX＝F88CH，CF＝OF＝1。

第4章 汇编语言程序设计

4.1 请分别用DB、DW、DD伪指令写出在DATA开始的连续8个单元中依次存放数据11H、22H、33H、44H、55H、66H、77H、88H的数据定义语句。

解：DB,DW,DD伪指令分别表示定义的数据为字节型、字类型及双字型。其定义形式分别为：

```
DATA DB 11H,22H,33H,44H,55H,66H,77H,88H
DATA DW 2211H,4433H,6655H,8877H
DATA DD 44332211H,88776655H
```

4.2 若程序的数据段定义如下，写出各指令语句独立执行后的结果。

```
DSEG SEGMENT
DATA1 DB  10H,20H,30H
DATA2 DW 10 DUP(?)
STRING DB '123'
DSEG ENDS
```

(1) MOV AL,DATA1

(2) MOV BX,OFFSET DATA2

(3) LEA SI,STRING

ADD BX,SI

解：(1) 取变量DATA1的值。指令执行后，AL=10H。

(2) 变量DATA2的偏移地址。指令执行后，BX=0003H。

(3) 先取变量STRING的偏移地址送寄存器SI，之后将SI的内容与BX的内容相加并将结果送BX。指令执行后，SI=0017H；BX=0003H+0017H=001AH。

4.3 试编写求两个无符号双字长数之和的程序。两数分别在MEM1和MEM2单元中，和放在SUM单元。

解：

```
DSEG SEGMENT
MEM1 DW 1122H,3344H
MEM2 DW 5566H,7788H
```

```
SUM DW 2 DUP(?)
DSEG ENDS
CSEG SEGMENT
    ASSUME CS:CSEG,DS:DSEG
START:MOV AX,DSEG
      MOV DS,AX
      LEA BX,MEM1
      LEA SI,MEM2
      LEA DI,SUM
      MOV CL,2
      CLC
AGAIN:MOV AX,[BX]
      ADC AX,[SI]
      MOV [DI],AX
      ADD BX,2
      ADD SI,2
      ADD DI,2
      LOOP AGAIN
      HLT
CSEG ENDS
      END START
```

4.4 试编写程序，测试 AL 寄存器的第 4 位(D_4)是否为 0。

解：测试寄存器 AL 中某一位是否为 0，可使用 TEST 指令、AND 指令、移位指令等几种方法实现。

如：
```
TEST AL,10H
JZ NEXT
 ⋮
NEXT:…
```

或者：
```
MOV CL,4
SHL AL,CL
JNC NEXT
 ⋮
NEXT:…
```

4.5 试编写程序，将 BUFFER 中的一个 8 位二进制数的高 4 位和低 4 位分别转换为 ASCII 码，并按位数高低顺序存放在 ANSWER 开始的内存单元中。

解：
```
DSEG SEGMENT
BUFFER    DB  ?                  ;要转换的数
ANSWER    DB  3 DUP(?)           ;ASCII 码结果存放单元
DSEG   ENDS
CSEG   SEGMENT
       ASSUME CS:CSEG,DS:DSEG
```

```
START: MOV   AX,DSEG
       MOV   DS,AX
       MOV   CX,3                    ;最多不超过 3 位十进制数(255)
       LEA   DI,ANSWER               ;DI 指向结果存放单元
       XOR   AX,AX
       MOV   AL,BUFFER               ;取要转换的二进制数
       MOV   BL,0AH                  ;基数 10
AGAIN: DIV   BL                      ;用除 10 取余的方法转换
       ADD   AH,30H                  ;十进制数转换成 ASCII 码
       MOV   [DI],AH                 ;保存当前位的结果
       INC   DI                      ;指向下一个位保存单元
       AND   AL,AL                   ;商为 0?(转换结束?)
       JZ    STO                     ;若结束,退出
       MOV   AH,0
       LOOP  AGAIN                   ;否则循环继续
STO:   MOV   AX,4CH
       INT   21H                     ;返回 DOS
CSEG   ENDS
       END   START
```

4.6 假设数据项定义如下：

```
DATA1 DB  'HELLO!GOOD MORNING!'
DATA2 DB  20 DUP(?)
```

用串操作指令编写程序段,使其分别完成以下功能。

(1) 从左到右将 DATA1 中的字符串传送到 DATA2 中。

(2) 传送完后,比较 DATA1 和 DATA2 中的内容是否相同。

(3) 把 DATA1 中的第 3 和第 4 个字节装入 AX。

(4) 将 AX 的内容存入 DATA2+5 开始的字节单元中。

解：(1)

```
MOV AX,SEG DATA1
MOV DS,AX
MOV AX,SEG DATA2
MOV ES,AX
LEA SI,DATA1
LEA DI,DATA2
MOV CX,20
CLD
REP MOVSB
```

(2)

```
LEA SI,DATA1
LEA DI,DATA2
MOV CX,20
CLD
REPE CMPSB
```

(3)
```
LEA SI,DATA1
ADD SI,2
LODSW
```

(4)
```
LEA DI,DATA2
ADD DI,5
MOV CX,7
CLD
REP STOSW
```

4.7 执行下列指令后,AX寄存器中的内容是多少?

```
TABLE DW 10,20,30,40,50
ENTRY DW 3
⋮
MOV BX,OFFSET TABLE
ADD BX,ENTRY
MOV AX,[BX]
```

解:AX=1E00H。

4.8 编写程序段,将STRING1中的最后20个字符移到STRING2中(顺序不变)。

解:首先确定STRING1中字符串的长度,因为字符串的定义要求以'$'符号结尾,可通过检测'$'符确定出字符串的长度,设串长度为COUNT,则程序如下:

```
LEA SI,STRING1
LEA DI,STRING2
ADD SI,COUNT-20
MOV CX,20
CLD
REP MOVSB
```

4.9 假设一个48位数存放在DX:AX:BX中,试编写程序段,将该48位数乘以2。

解:可使用移位指令来实现。首先将BX内容逻辑左移一位,其最高位移入进位位CF,之后AX内容带进位位循环左移,使AX的最高位移入CF,而原CF中的内容(即BX的最高位)移入AX的最低位,最后再将DX内容带进位位循环左移一位,从而实现AX的最低位移入DX的最低位。

```
SHL BX,1
RCL AX,1
RCL DX,1
```

4.10 试编写程序,比较AX,BX,CX中带符号数的大小,并将最大的数放在AX中。

解:比较带符号数的大小可使用符号数比较指令JG等。

```
    LEA SI,SUM
    CMP AX,BX
    JG NEXT1
```

```
        XCHG AX,BX
NEXT1:  CMP AX,CX
        JG STO
        MOV AX,CX
  STO:  HLT
```

4.11 若接口 03F8H 的第 1 位(D_1)和第 3 位(D_3)同时为 1,表示接口 03FBH 有准备好的 8 位数据,当 CPU 将数据取走后,D_1 和 D_3 就不再同时为 1 了。仅当又有数据准备好时才再同时为 1。

试编写程序,从上述接口读入 200 字节的数据,并顺序放在 DATA 开始的地址中。

解:即当从输入接口 03F8H 读入的数据满足××××1×1×B 时可以从接口 03FBH 输入数据。

```
       LEA SI,DATA
       MOV CX,200
NEXT:  MOV DX,03F8H
       IN AL,DX
       AND AL,0AH                ;判断 D1 和 D3 位是否同时为 1
       CMP AL,0AH
       JNZ NEXT                  ;D1 和 D3 位同时为 1 则读数据,否则等待
       MOV DX,03FBH
       IN AL,DX
       MOV [SI],AL
       INC SI
       LOOP NEXT
       HLT
```

4.12 画图说明下列语句分配的存储空间及初始化的数据值。

(1) DATA1 DB 'BYTE',12,12H,2 DUP(0,?,3)

(2) DATA2 DW 4 DUP (0,1,2),?,−5,256H

解:存储空间分配情况如图 4-1 所示。

4.13 请用子程序结构编写如下程序:从键盘输入一个两位十进制的月份数(01~12),然后显示出相应的英文缩写名。

解:可根据题目要求编写如下几个子程序:

INPUT 从键盘接收一个两位数,并将其转换为二进制数。

LOCATE 通过字符表查找将输入数与英文缩写对应起来。

DISPLAY 将缩写字母在屏幕上显示。

程序如下:

```
DSEG SEGMENT
DATA1 DB 3
DATA2 DB 3,?,3 DUP(?)
ALFMON DB'???','$'
```

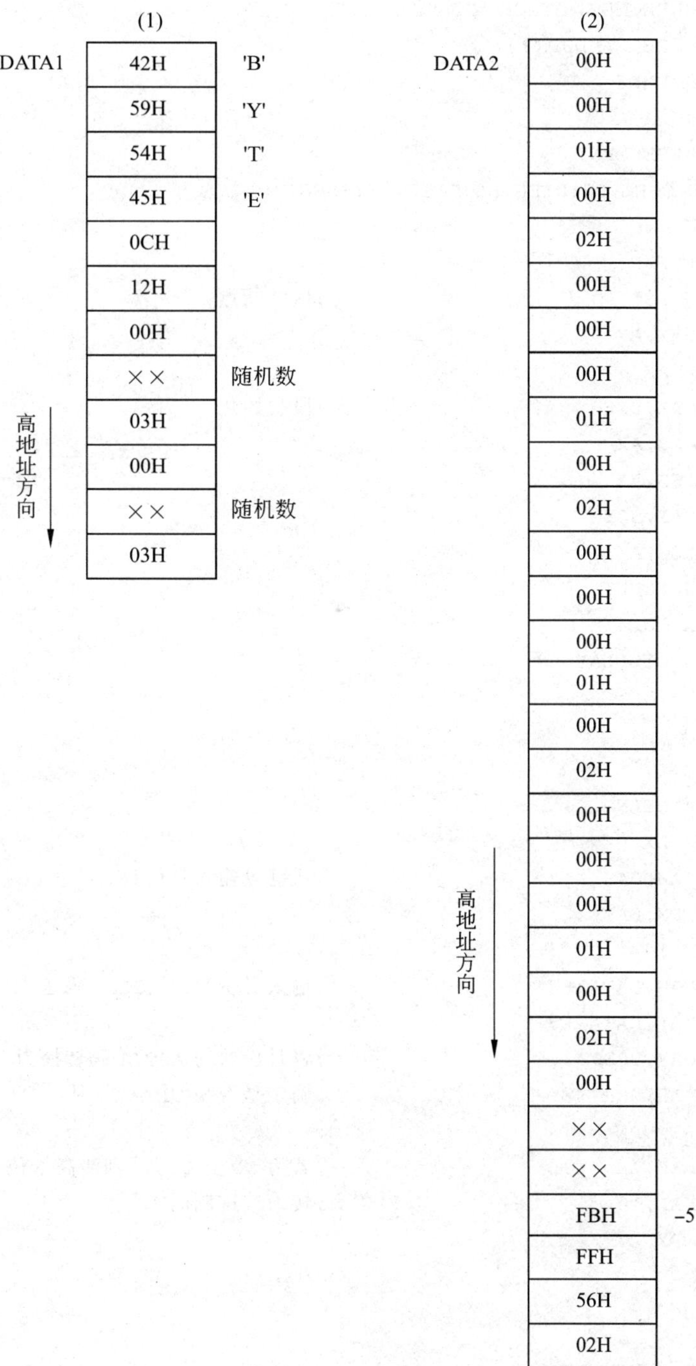

图 4-1 题 4.12 图

```
MONTAB DB 'JAN','FEB','MAR','APR','MAY','JUN'
       DB 'JUL','AUG','SEP','OCT','NOV','DEC'
DSEG ENDS
;
```

```
        SSEG SEGMENT STACK 'STACK'
             DB 100 DUP(?)
        SSEG ENDS
        ;
        CSEG SEGMENT
  ASSUME CS:CSEG,DS:DSEG,ES:DSEG,SS:SSEG
        ;
  MAIN  PROC FAR
        PUSH DS                               ;恢复断点
        XOR AX,AX
        PUSH AX
        MOV AX,DSEG                           ;段初始化
        MOV DS,AX
        MOV ES,AX
        MOV AX,SSEG
        MOV SS,AX
        CALL INPUT
        CALL LOCATE
        CALL DISPLAY
        RET
  MAIN  ENDP
        ;
  INPUT PROC NEAR
        PUSH DX
        MOV AH,0AH                            ;从键盘输入月份数
        LEA DX,DATA2
        INT 21H
        MOV AH,DATA2+2                        ;输入月份数的 ASCII 码送 AX
        MOV AL,DATA2+3
        XOR AX,3030H                          ;将月份数的 ASCII 码转换为二进制数
        CMP AH,00H                            ;确定是否为 01 至 09 月
        JZ RETURN
        SUB AH,AH                             ;若为 10 至 12 月,则清高 8 位
        ADD AL,10                             ;转为二进制码
RETURN: POP DX
        RET
 INPUT  ENDP
        ;
LOCATE  PROC NEAR
        PUSH SI
        PUSH DI
        PUSH CX
        LEA SI,MONTAB
        DEC AL
```

```
        MUL DATA1                          ;每月为 3 个字符
        ADD SI,AX                          ;指向月份对应的英文缩写字母的地址
        MOV CX,03H
        CLD
        LEA DI,ALFMON
        REP MOVSB
        POP CX
        POP DI
        POP SI
        RET
LOCATE  ENDP
        ;
DISPLAY PROC
        PUSH DX
        LEA DX,ALFMON
        MOV AH,09H
        INT 21H
        POP DX
        RET
DISPLAY ENDP
    ;
   CSEG ENDS
        END MAIN
```

4.14 给出下列等值语句：

```
ALPHA   EQU 100
BETA    EQU 25
GRAMM   EQU 4
```

试求下列表达式的值。

(1) ALPHA×100＋BETA

(2) (ALPHA＋4)×BETA－2

(3) (BETA/3)MOD 5

(4) GRAMM OR 3

解：

(1) 10000＋25＝10025

(2) 104×23＝2392

(3) (25/3)MOD 5＝3

(4) 4 OR 3＝7

4.15 画图说明以下数据段在存储器中的存放形式。

```
DATA SEGMENT
DATA1 DB 10H,34H,07H,09H
DATA2 DW 2 DUP(42H)
DATA3 DB 'HELLO!'
DATA4 EQU 12
```

```
DATA5 DD ABCDH
DATA ENDS
```

解：见图 4-2。

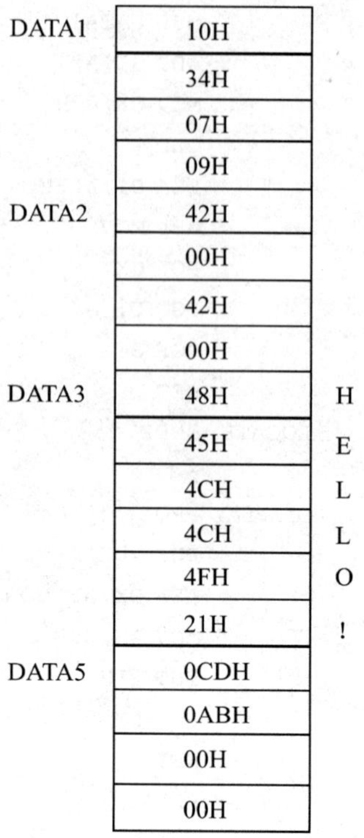

DATA1	10H	
	34H	
	07H	
	09H	
DATA2	42H	
	00H	
	42H	
	00H	
DATA3	48H	H
	45H	E
	4CH	L
	4CH	L
	4FH	O
	21H	!
DATA5	0CDH	
	0ABH	
	00H	
	00H	

图 4-2　题 4.15 图

4.16　阅读下面的程序段，试说明其实现的功能。

```
DATA SEGMENT
DATA1 DB 'ABCDEFG'
DATA ENDS
CODE SEGMENT
      ASSUME CS:CODE,DS:DATA
AAAA: MOV AX,DATA
      MOV DS,AX
      MOV BX,OFFSET DATA1
      MOV CX,7
NEXT: MOV AH,2
      MOV AL,[BX]
      XCHG AL,DL
      INC BX
      INT 21H
      LOOP NEXT
      MOV AH,4CH
      INT 21H
CODE  ENDS
      END AAAA
```

解：该程序段是将 ABCDEFG 这 7 个字母依次显示在屏幕上。

4.17　编写一程序段，把从 BUFFER 开始的 100 个字节的内存区域初始化成 55H，0AAH，55H，0AAH，…，55H，0AAH。

解：可用串存储指令实现。

```
DSEG   SEGMENT
BUFFER DB 100 DUP(?)
DSEG   ENDS
CSEG   SEGMENT
      ASSUME CS:CSEG,DS:DSEG,ES:DSEG
BEGIN:MOV AX,DSEG
      MOV DS,AX
      MOV ES,AX
      MOV AX,0AA55H
      LEA DI,BUFFER
      CLD
      MOV CX,50
      REP STOSW
      HLT
```

```
CSEG ENDS
     END BEGIN
```

4.18 有 16 个字节，编程将其中第 2、5、9、14、15 个字节内容加 3，其余字节内容乘 2（假定运算不会溢出）。

解：

```
DSEG   SEGMENT
DATA  DB 16 DUP(?)
DSEG   ENDS
CSEG   SEGMENT
       ASSUME CS:CSEG,DS:DSEG
BEGIN:MOV AX,DSEG
       MOV DS,AX
       LEA SI,DATA
       MOV CL,0
AGAIN:MOV AL,[SI]
       CMP CL,2
       JE ADDD
       CMP CL,5
       JE ADDD
       CMP CL,9
       JE ADDD
       CMP CL,14
       JE ADDD
       CMP CL,15
       JE ADDD
       SHL AL,1
       JMP GOON
ADDD:  ADD AL,3
GOON:  MOV [SI],AL
       INC SI
       INC CL
       CMP,CL,16
       JB AGAIN
       HLT
 CSEG  ENDS
       END BEGIN
```

4.19 编写计算斐波那契数列前 20 个值的程序。斐波那契数列的定义如下：

$$\begin{cases} F(0)=0 \\ F(1)=1 \\ F(n)=F(n-1)+F(n-2), n\geqslant 2 \end{cases}$$

解：根据斐波那契数列的定义，将计算出的前 20 个值放在 DATA1 为首地址的内存单元中。程序如下：

```
DATA SEGMENT
DATA1 DB 0,1,18 DUP(?)
DATA ENDS
CODE SEGMENT
      ASSUME CS:CODE,DS:DATA
START:MOV AX,DATA
      MOV DS,AX
      LEA BX,DATA1
      MOV CL,18
      CLC
NEXT: XOR AX,AX
      MOV AL,[BX]
      MOV DL,[BX+1]
      ADC AL,DL
      MOV [BX+2],AL
      INC BX
      DEC CL
      JNZ NEXT
      HLT
 CODE ENDS
      END START
```

4.20 试编写将键盘输入的 ASCII 码转换为二进制数的程序。

解：

```
DATA   SEGMENT
BUFFER DB 100 DUP(?)
DATA   ENDS
CODE   SEGMENT
      ASSUME CS:CODE,DS:DATA
START:MOV AX,DATA
      MOV DS,AX
      LEA SI,BUFFER
      MOV AH,1              ;从键盘输入一个数
      INT 21H
      AND AL,7FH            ;去掉最高位
      CMP AL,'0'
      JL STO                ;若小于 0 则不属于转换范围
      CMP AL,'9'
      JG ASCB1
      SUB AL,30H            ;对 0~9 之间的数减去 30H 转换为二进制数
      JMP ASCB2
ASCB1:CMP AL,'A'            ;对大于 9 的数再与 A 比较
```

```
        JL STO
        CMP AL,'F'
        JG STO
        SUB AL,37H          ;对 A~F 之间的数减去 37H 转换
ASCB2:MOV [SI],AL           ;转换结果存放在 BUFFER 为首地址的单元中
        INC SI
   STO:CMP AL,'$'
        JNE NEXT
        HLT
  CODE  ENDS
        END START
```

第5章 存储器系统

5.1 什么是存储器系统？微机中的存储器系统主要分为哪几类？它们的设计目标是什么？

解：将两个或两个以上速度、容量和价格各不相同的存储器用软件、硬件或软硬件相结合的方法连接起来，成为一个系统。这个系统从程序员的角度看，它是一个存储器整体。所构成的存储器系统的速度接近于其中速度最快的那个存储器，存储容量与存储容量最大的那个存储器相等或接近，单位容量的价格接近最便宜的那个存储器。

现代微机系统中通常有两种存储系统，一种是由 cache 和主存储器构成的 cache 存储系统，另一种是由主存储器和磁盘构成的虚拟存储系统。cache 存储系统的设计目标主要是提高存取速度，虚拟存储系统的设计目标主要是扩大存储容量。

5.2 内部存储器主要分为哪两类？它们的主要区别是什么？

解：(1) 分为 ROM 和 RAM。

(2) 它们之间的主要区别是：

① ROM 在正常工作时只能读出，不能写入。RAM 则可读可写。

② 掉电后，ROM 中的内容不会丢失，RAM 中的内容会丢失。

5.3 为什么动态 RAM(DRAM)需要定时刷新？

解：DRAM 的存储元以电容来存储信息，由于存在漏电现象，电容中存储的电荷会逐渐泄漏，从而使信息丢失或出现错误。因此需要对这些电容定时进行"刷新"。

5.4 CPU 寻址内存的能力最基本的因素取决于________。

解：地址总线的宽度。

5.5 设构成一个存储器系统的两个存储器是 M_1 和 M_2，其存储容量分别为 S_1 和 S_2，访问速度为 T_1、T_2，每千字节的价格为 C_1、C_2。试问，在什么条件下，该存储器系统的每字节的价格会接近于 C_2？

解：因为整个存储器系统的单位容量平均价格为：

$$C=\frac{C_1\times S_1+C_2\times S_2}{S_1+S_2}$$

所以，当 $S_2>>S_1$ 时，$C\approx C_2$。即此时该存储器系统每千字节的价格会接近于 C_2。

5.6 利用全地址译码将 6264 芯片接到 8088 系统总线上，使其所占地址范围为 32000H～33FFFH。

解：将地址范围展开成二进制形式为：

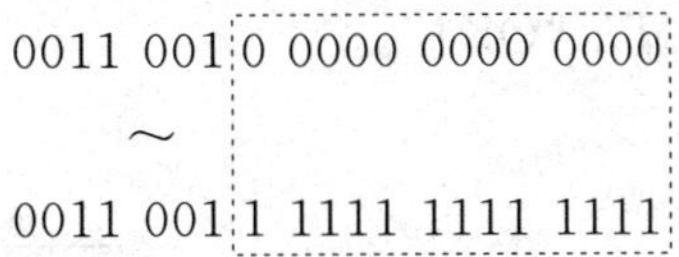

6264 芯片的容量为 8KB，需要 13 根地址线 $A_0 \sim A_{12}$（见上面虚线框内的部分）。由于它为全地址译码，因此剩余的高 7 位地址都应作为芯片的译码信号。译码电路如图 5-1 所示。

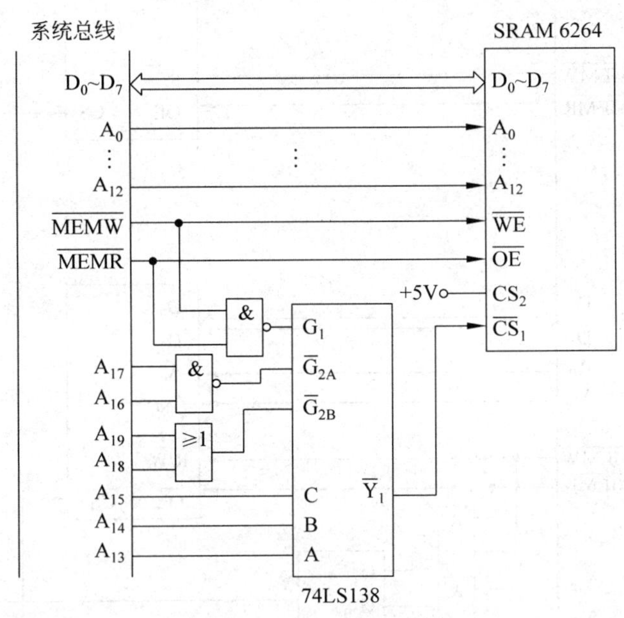

图 5-1　题 5.6 译码电路

5.7　内存地址从 20000H～8BFFFH 共有多少字节？

解：共有 8BFFFH－20000H＋1＝6C000H 个字节或 432KB。

5.8　若采用 6264 芯片构成题 5.7 中的内存空间，需要多少片 6264 芯片？

解：每个 6264 芯片的容量为 8KB，故需 432/8＝54 片。

5.9　设某微型机的内存 RAM 区的容量为 128KB，若用 2164 芯片构成这样的存储器，需多少片 2164 芯片？至少需多少根地址线？其中多少根用于片内寻址？多少根用于片选译码？

解：(1) 每个 2164 芯片的容量为 64KB×1，共需 128/64×8＝16 片。

(2) 128KB 容量需要地址线 17 根。

(3) 16 根用于片内寻址。

(4) 1 根用于片选译码。

注意，用于片内寻址的 16 根地址线要通过二选一多路器连到 2164 芯片，因为 2164 是 DRAM，高位地址与低位地址是分时传送的。

5.10　现有两片 6116 芯片，所占地址范围为 61000H～61FFFH，试将它们连接到

8088系统中。并编写测试程序，向所有单元输入一个数据，然后再读出与之比较，若出错则显示“Wrong!”，全部正确则显示“OK!”。

解：连接图如图5-2所示。

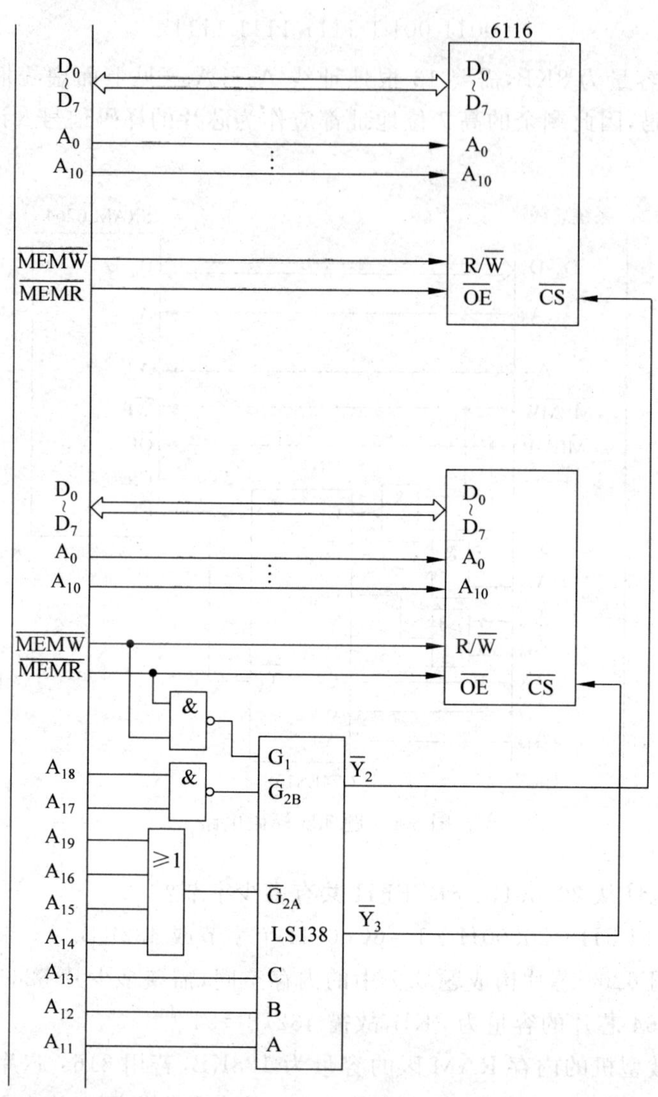

图5-2　题5.10图

测试程序段如下：

```
DSEG SEGMENT
    OK  DB'OK!','$'
    WRONG  DB'Wrong!','$'
DSEG ENDS
CSEG SEGMENT
    ASSUME CS:CSEG,DS:DSEG
START: MOV AX, 6100H
```

```
        MOV ES, AX
        MOV DI, 0
        MOV CX, 1000H
        MOV AL, 55H
        REP STOSB
        MOV DI, 0
        MOV CX, 1000H
        REPZ SCASB
        JZ DIS_OK
        LEA  DX, WRONG
        MOV  AH, 9
        INT  21H
        JMP STOP
DIS_OK:LEA  DX, OK
        MOV  AH, 9
        INT  21H
 STOP:  MOV AH,4CH
        INT 21H
  CSEG  ENDS
        END START
```

5.11 什么是字扩展？什么是位扩展？用户自己购买内存条进行内存扩充，是在进行何种存储器扩展？

解：(1) 当存储芯片每个单元的字长小于所需内存单元字长时，需要用多个芯片构成满足字长要求的存储模块，这就是位扩展。

(2) 当存储芯片的容量小于所需内存容量时，需要用多个芯片构成满足容量要求的存储器，这就是字扩展。

(3) 用户在市场上购买内存条进行内存扩充，所做的是字扩展的工作。

5.12 74LS138 译码器的接线如图 5-3 所示，试判断其输出端 Y_0、Y_3、Y_5 和 Y_7 所决定的内存地址范围。

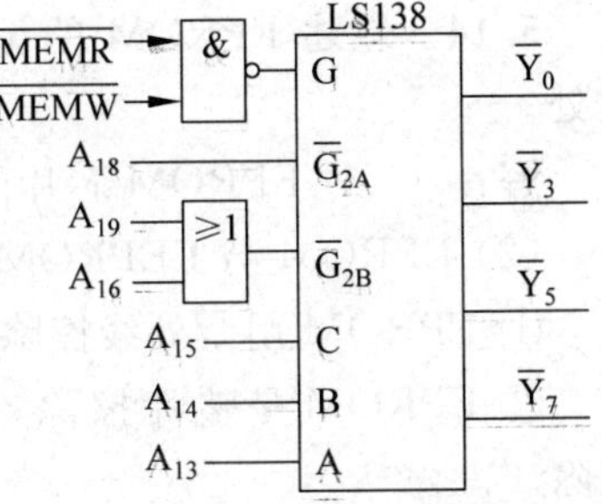

图 5-3　题 5.12 译码器连接图

解：因为是部分地址译码(A_{17} 不参加译码)，故每个译码输出对应两个地址范围：

Y_0#：00000H～01FFFH 和 20000H～21FFFH。

Y_3#：06000H～07FFFH 和 26000H～27FFFH。

Y_5#：0A000H～0BFFFH 和 2A000H～2BFFFH。

Y_7#：0E000H～0FFFFH 和 2E000H～2FFFFH。

5.13 某 8088 系统用 2764 ROM 芯片和 6264 SRAM 芯片构成 16KB 的内存。其中，ROM 的地址范围为 0FE000H～0FFFFFH，RAM 的地址范围为 F0000H～F1FFFH。试利用 74LS138 译码，画出存储器与 CPU 的连接图，并标出总线信号名称。

解：连接图如图 5-4 所示。

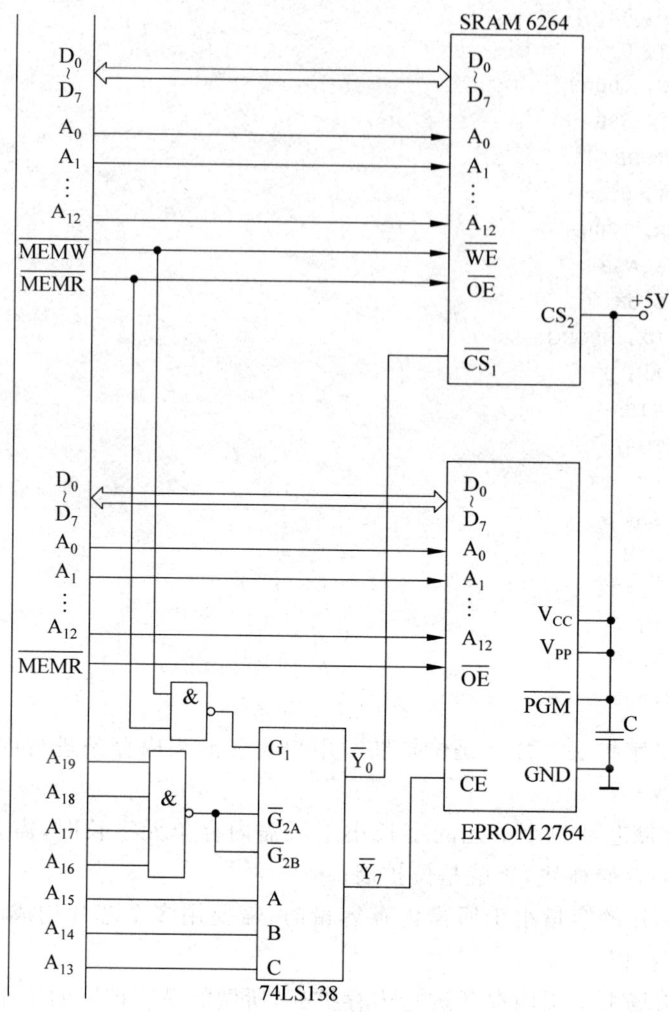

图 5-4　题 5.13 图

5.14　叙述 EPROM 的编程过程，并说明 EPROM 和 EEPROM 在应用中的不同之处。

解：(1) 对 EPROM 芯片的编程过程详见主教材的第 230 页和第 231 页。

(2) EPROM 与 EEPROM 的不同之处为：

① EPROM 用紫外线擦除，EEPROM 用电擦除。

② EPROM 是整片擦除，EEPROM 可以整片擦除，也可以一个字节一个字节地擦除。

5.15　试说明 FLASH EEPROM 芯片的特点及 28F040 的编程过程。

解：(1) 特点是它结合了 RAM 和 ROM 的优点，读写速度接近于 RAM，掉电后内容又不会丢失。

(2) 28F040 的编程过程详见主教材第 225 页。

5.16　什么是 Cache？它能够极大地提高计算机的处理能力是基于什么原理？

解：(1) Cache 是位于 CPU 与主存之间的高速小容量存储器。

(2) 基于程序和数据访问的局部性原理。

5.17 若主存 DRAM 的存取周期为 70ns，Cache 的存取周期为 5ns，Cache 的命中率为 90%，由它们构成的存储器的平均存取周期大约是多少？

解：平均存取周期约为 70×0.1＋5×0.9＝11.5(ns)。

5.18 如何解决 Cache 与主存内容的一致性问题？

解：读和写各有两种方式。

读出：贯穿读出式和旁路读出式；

写入：写穿式和回写式。

5.19 在二级 Cache 系统中，L1 Cache 的主要作用是什么？L2 Cache 呢？

解：在二级 Cache 系统中，L1 Cache 集成在 CPU 片内，分为指令 Cache 和数据 Cache。L2 Cache 不区分指令 Cache 和数据 Cache。L1 Cache 的主要作用是提高存取速度，而 L2 Cache 则是速度和存储容量兼备。它们和主存一起，构成三级存储器结构的 Cache 存储器系统。

5.20 新购买的或擦除干净的 EPROM 芯片，其各单元的内容是什么？

解：对新购买的或擦除干净的 EPROM 芯片，其各单元的内容一般为 FFH。

第6章 输入输出和中断技术

6.1 输入输出系统主要由哪几个部分组成？主要有哪些特点？

解：输入输出系统主要由3个部分组成，即输入输出接口、输入输出设备、输入输出软件。

输入输出系统主要有4个特点：复杂性、异步性、时实性、与设备无关性。

6.2 I/O接口的主要功能有哪些？有哪两种编址方式？在8088/8086系统中采用哪一种编址方式？

解：I/O接口主要具有以下几种功能：

(1) I/O地址译码与设备选择。保证任一时刻仅有一个外设与CPU进行数据传送。

(2) 信息的输入输出，并对外设随时进行监测、控制和管理。必要时，还可以通过I/O接口向CPU发出中断请求。

(3) 命令、数据和状态的缓冲与锁存。以缓解CPU与外设之间工作速度的差异，保证信息交换的同步。

(4) 信号电平与类型的转换。I/O接口还要实现信息格式变换、电平转换、码制转换、传送管理以及联络控制等功能。

I/O端口的编址方式通常有两种：一是与内存单元统一编址，二是独立编址。8088/8086系统采用I/O端口独立编址方式。

6.3 试比较4种基本输入输出方法的特点。

解：在微型计算机系统中，主机与外设之间的数据传送有4种基本的输入输出方式：

(1) 无条件传送方式；

(2) 查询工作方式；

(3) 中断工作方式；

(4) 直接存储器存取(DMA)方式。

它们各自具有以下特点：

(1) 无条件传送方式适合于简单的、慢速的、随时处于"准备好"接收或发送数据的外部设备，数据交换与指令的执行同步，控制方式简单。

(2) 查询工作方式针对不是随时"准备好"，而是须满足一定状态才能实现数据的输入输出的简单外部设备，其控制方式也较简单，但CPU的效率比较低。

(3) 中断工作方式是由外部设备作为主动的一方，在需要时向CPU提出工作请求，

CPU 在满足响应条件时响应该请求并执行相应的中断处理程序。这种工作方式使 CPU 的效率较高，但控制方式相对较复杂。

(4) DMA 方式适合于高速外设，是 4 种基本输入输出方式中速度最高的一种。

6.4 主机与外部设备进行数据传送时，采用哪一种传送方式 CPU 的效率最高？

解：使用 DMA 传送方式 CPU 的效率最高。这是由 DMA 的工作性质所决定的。

6.5 某输入接口的地址为 0E54H，输出接口的地址为 01FBH，分别利用 74LS244 和 74LS273 作为输入和输出接口。画出其与 8088 系统总线的连接图；并编写程序，使当输入接口的 D_1、D_4 和 D_7 位同时为 1 时，CPU 将内存中 DATA 为首址的 20 个单元的数据从输出接口输出，若不满足上述条件则等待。

解：与 8088 系统总线的连接图如图 6-1 所示。

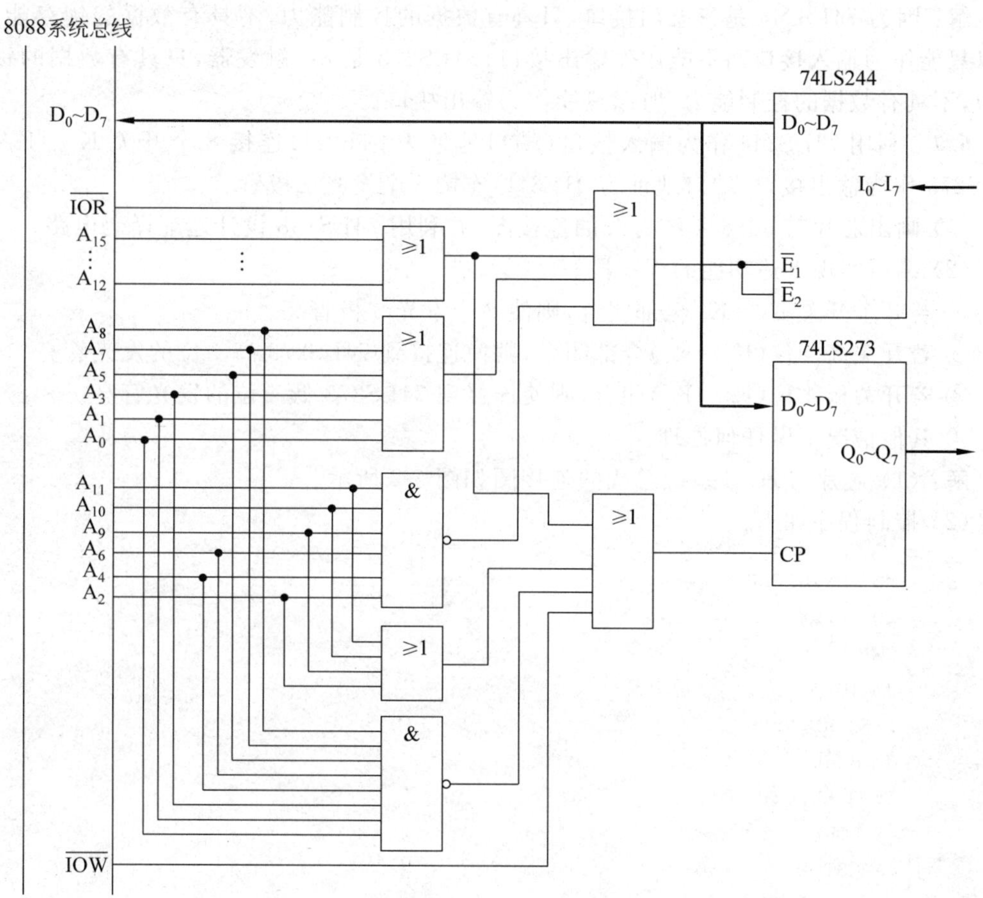

图 6-1 题 6.5 连接图

程序设计：首先判断由输入接口读入数据的状态，若满足条件，则通过输出接口输出一个单元的数据；之后再判断状态是否满足，直到 20 个单元的数据都从输出接口输出。

```
LEA SI,DATA            ;取数据偏移地址
MOV CL,20              ;数据长度送 CL
```

```
AGAIN: MOV DX,0E54H
WAITT: IN AL,DX              ;读入状态值
       AND AL,92H            ;屏蔽掉不相关位,仅保留 D1、D4 和 D7 位状态
       CMP AL,92H            ;判断 D1、D4 和 D7 位是否全为 1
       JNZ WAITT             ;不满足 D1、D4、D7 位同时为 1 则等待
       MOV DX,01FBH
       MOV AL,[SI]
       OUT DX,AL             ;满足条件则输出一个单元数据
       INC SI                ;修改地址指针
       LOOP AGAIN            ;若 20 个单元数据未传送完则循环
```

6.6 为什么 74LS244 只能作为输入接口？而 74LS273 只能作为输出接口？

解：因为 74LS244 是三态门接口，只具有数据的控制能力，不具有数据的锁存能力，所以只能作为输入接口而不能用作输出接口；74LS273 是 8D 触发器，只具有数据的锁存能力，不具有数据的控制能力，所以只能作为输出接口。

6.7 利用 74LS244 作为输入接口(端口地址为 01F2H)连接 8 个开关 $K_0 \sim K_7$，用 74LS273 作为输出接口(端口地址为 01F3H)连接 8 个发光二极管。

(1) 画出芯片与 8088 系统总线的连接图，并利用 74LS138 设计地址译码电路。

(2) 编写实现下述功能的程序段。

① 若 8 个开关 $K_7 \sim K_0$ 全部闭合，则使 8 个发光二极管亮。

② 若开关高 4 位($K_4 \sim K_7$)全部闭合，则使连接到 74LS273 高 4 位的发光管亮。

③ 若开关低 4 位($K_3 \sim K_0$)闭合，则使连接到 74LS273 低 4 位的发光管亮。

④ 其他情况不做任何处理。

解：(1) 芯片与 8088 系统总线的连接图如图 6-2 所示。

(2) 控制程序如下：

```
      MOV DX,01F2H
      IN AL,DX
      CMP AL,0
      JZ ZERO
      TEST AL,0F0H
      JZ HIGH
      TEST AL,0FH
      JZ LOWW
      JMP STOP
ZERO: MOV DX,01F3H
      MOV AL,0FFH
      OUT DX,AL
      JMP STOP
HIGH: MOV DX,01F3H
      MOV AL,0F0H
      OUT DX,AL
OWW:  MOV DX,01F3H
```

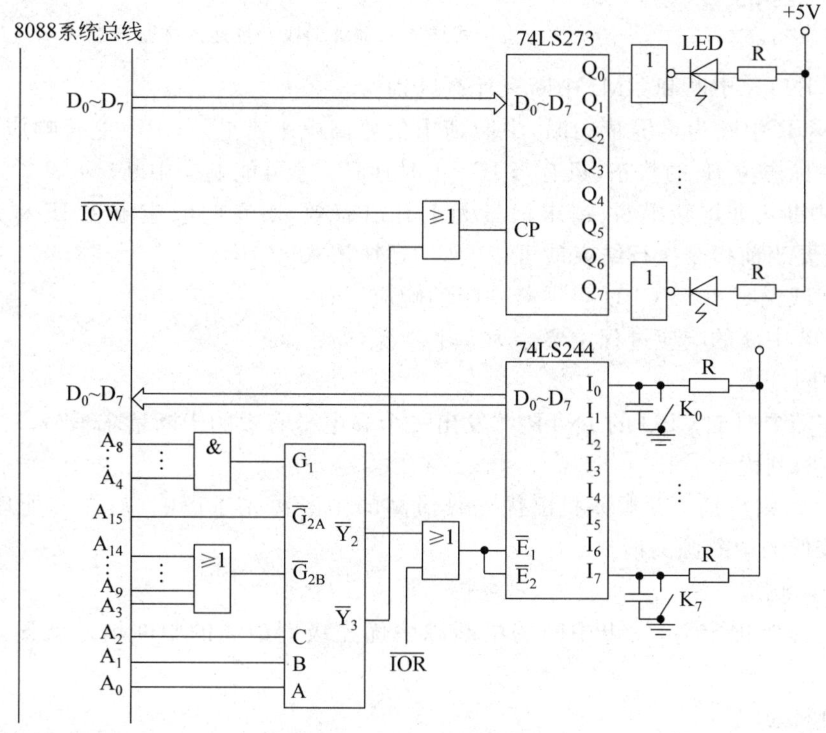

图 6-2　题 6.7 连接图

```
    MOV AL,0FH
    OUT DX,AL
STOP: HLT
```

6.8　8088/8086 系统如何确定硬件中断服务程序的入口地址？

解：8088/8086 系统的硬件中断包括非屏蔽和可屏蔽两种中断请求。每个中断源都有一个与之相对应的中断类型码 n 。系统规定所有中断服务子程序的首地址都必须放在中断向量表中，其在表中的存放地址＝$n\times 4$（向量表的段基地址为 0000H）。即子程序的入口地址为（0000H：$n\times 4$）开始的 4 个单元中，低位字（2 个字节）存放入口地址的偏移量，高位字存放入口地址的段基地址。

6.9　中断向量表的作用是什么？如何设置中断向量表？

解：中断向量表用于存放中断服务子程序的入口地址，位于内存的最低 1KB（即内存中 00000H～003FFH 区域），共有 256 个表项。

设置中断向量表就是将中断服务程序首地址的偏移量和段基址放入中断向量表中。

如：将中断服务子程序 CLOCK 的入口地址置入中断向量表的程序如下：

```
MOV AX,0000H
MOV DS,AX                     ;置中断向量表的段基地址
MOV SI,<中断类型码×4>         ;置存放子程序入口地址的偏移地址
MOV AX,OFFSET CLOCK
MOV [SI],AX                   ;将子程序入口地址的偏移地址送入中断向量表
```

```
MOV AX,SEG CLOCK
MOV [SI+2],AX                   ;将子程序入口地址的段基址送入中断向量表
```

6.10 INTR 中断和 NMI 中断有什么区别?

解:INTR 中断为可屏蔽中断,中断请求信号高电平有效。CPU 能否响应该请求要看中断允许标志位 IF 的状态,只有当 IF=1 时,CPU 才可能响应中断。

NMI 中断为非屏蔽中断,请求信号为上升沿有效,对它的响应不受 IF 标志位的约束,CPU 只要当前指令执行结束就可以响应 NMI 请求。

6.11 试说明 8088 CPU 可屏蔽中断的响应过程。

解:屏蔽中断的响应过程主要分为 5 个步骤,即:

(1) 中断请求

外设在需要时向 CPU 的 INTR 端发出一个高电平有效的中断请求信号。

(2) 中断判优

若 IF=1,则识别中断源并找出优先级最高的中断源先予以响应,在其处理完后,再响应级别较低的中断源的请求。

(3) 中断响应

中断优先级确定后,发出中断的中断源中优先级别最高的中断请求就被送到 CPU 的中断。

(4) 中断处理

中断处理由中断服务子程序完成。中断服务子程序中通常包括以下工作。

① 保护软件现场,也称软件参数保护。即把中断服务程序中要用到的寄存器或存储单元的原内容压入堆栈保存起来。

② 开中断。利用 STI 指令使 IF=1,以允许比当前中断优先级高的中断请求能够被响应。

③ 执行中断处理程序。完成必需的操作。

④ 关中断。相应的中断处理指令执行结束后,需利用指令 CLI 使 IF=0,使不再响应可屏蔽中断请求,以确保有效地恢复被中断程序的现场。

⑤ 恢复软件现场。把先前保护的软件参数按压栈的相反顺序从堆栈中弹出,使其恢复到中断前的状态。

(5) 中断返回

中断返回须执行中断返回指令 IRET,其操作正好是 CPU 硬件在中断响应时自动保护断点的逆过程。即 CPU 会自动地将堆栈内保存的断点信息弹出到 IP、CS 和 FLAG 中,保证被中断的程序从断点处继续往下执行。

6.12 CPU 满足什么条件能够响应可屏蔽中断?

解:(1) CPU 要处于开中断状态,即 IF=1,才能响应可屏蔽中断。

(2) 当前指令执行结束。

(3) 当前没有发生复位(RESET)、保持(HOLD)和非屏蔽中断请求(NMI)。

(4) 若当前执行的指令是开中断指令(STI)和中断返回指令(IRET),则在执行完该指令后再执行一条指令,CPU 才能响应 INTR 请求。

(5) 对前缀指令，如 LOCK、REP 等，CPU 会把它们和它们后面的指令看作一个整体，直到这个整体指令执行完，方可响应 INTR 请求。

6.13 8259A 有哪几种优先级控制方式？一个外部中断服务程序的第一条指令通常为 STI，其目的是什么？

解：8259 有两类优先级控制方式，即固定优先级和循环优先级方式。

CPU 响应中断时会自动关闭中断(使 IF=0)。若进入中断服务程序后允许中断嵌套，则需用指令开中断(使 IF=0)，故一个外中断服务程序的第一条指令通常为 STI。

6.14 试编写 8259A 的初始化程序：系统中仅有一片 8259A，允许 8 个中断源边沿触发，不需要缓冲，一般全嵌套方式工作，中断向量为 40H。

解：设 8259A 的地址为 FF00H～FF01H。其初始化顺序为：ICW_1，ICQ_2，ICW_3，ICW_4。对单片 8259A 系统，不需初始化 ICW_3。程序如下：

```
SET8259: MOV DX,0FF00H          ;置 ICW1,A0=0
         MOV AL,13H             ;单片,边沿触发,需要 ICW4
         OUT DX,AL
         MOV DX,0FF01H          ;置 ICW2,A0=1
         MOV AL,40H             ;中断向量码=40H
         OUT DX,AL
         MOV AL,03H             ;ICW4,8086/8088 模式,一般全嵌套,非缓冲
         OUT DX,AL
         HLT
```

6.15 单片 8259A 能够管理多少级可屏蔽中断？若用 3 片级联能管理多少级可屏蔽中断？

解：因 8259A 有 8 位可屏蔽中断请求输入端，故单片 8259A 能够管理 8 级可屏蔽中断。若用 3 片级联，即 1 片用作主控芯片，两片作为从属芯片，每一片从属芯片可管理 8 级，则 3 片级联共可管理 22 级可屏蔽中断。

6.16 具备何种条件能够作为输入接口？具备何种条件能够作为输出接口？

解：对输入接口要求具有对数据的控制能力，对输出接口要求具有对数据的锁存能力。

6.17 已知 SP=0100H，SS=3500H，CS=9000H，IP=0200H，[00020H]=7FH，[00021H]=1AH，[00022H]=07H，[00023H]=6CH，在地址为 90200H 开始的连续两个单元中存放着一条两字节指令 INT 8。试指出在执行该指令并进入相应的中断子程序时，SP、SS、IP、CS 寄存器的内容以及 SP 所指的字单元的内容。

解：CPU 在响应中断请求时首先要进行断点保护，即要依次将 FLAGS 和 INT 下一条指令的 CS、IP 寄存器内容压入堆栈，即栈顶指针减 6，而 SS 的内容不变。INT 指令是一条两字节指令，故其下一条指令的 IP=0200H+2=0202H。

中断服务子程序的入口地址则存放在中断向量表(8×4)所指向的连续 4 个单元中，8×4=0020H。所以，在执行中断指令并进入相应的中断例程时，以上各寄存器的内容分别为：

```
SP=0100H-6=00FAH
SS=3500H
IP=[0020H]字单元内容=1A7FH
CS=[0022H]字单元内容=6C07H
[SP]=0202H
```

第7章 常用数字接口电路

7.1 一般来讲，接口芯片的读写信号应与系统的哪些信号相连？

解： 一般来讲，接口芯片的读写信号应与系统总线信号中的$\overline{IOR}$（接口读）或$\overline{IOW}$（接口写）信号相连。

7.2 试说明8253芯片的6种工作方式。其时钟信号CLK和门控信号GATE分别起什么作用？

解： 可编程定时/计数器8253芯片具有6种不同的工作方式，其中：

(1) 方式0：软件启动、不自动重复计数。在写入控制字后OUT端变低电平，计数结束后OUT端输出高电平，可用来产生中断请求信号，故也称为计数结束产生中断的工作方式。

(2) 方式1：硬件启动、不自动重复计数。所谓硬件启动是在写入计数初值后并不开始计数，而是要等门控信号GATE出现由低到高的跳变后，在下一个CLK脉冲的下降沿才开始计数，此时OUT端立刻变为低电平。计数结束后，OUT端输出高电平，得到一个宽度为计数初值N个CLK脉冲周期宽的负脉冲。

(3) 方式2：既可以软件启动，也可以硬件启动。可自动重复计数。在写入控制字后，OUT端变为高电平。计数到最后一个时钟脉冲时OUT端变为低电平，再经过一个CLK周期，计数值减到零，OUT又恢复为高电平。之后再自动装入计数初值，并重新开始新的一轮计数。方式2下OUT端会连续输出宽度为T_{clk}的负脉冲，其周期为$N \times T_{clk}$，所以方式2也称为分频器，分频系数为计数初值N。

(4) 方式3：也是一种分频器，也可有两种启动方式，自动重复计数。当计数初值N为偶数时，连续输出对称方波（即$N/2$个CLK脉冲低电平，$N/2$个CLK脉冲高电平），频率为$(1/N) \times T_{clk}$。若N为奇数，则输出波形不对称，其中$(N+1)/2$个时钟周期高电平，$(N-1)/2$个时钟周期低电平。

(5) 方式4和方式5：都是在计数结束后输出一个CLK脉冲周期宽的负脉冲，且均为不自动重复计数方式。区别在于方式4是软件启动，而方式5为硬件启动。

时钟信号CLK为8253芯片的工作基准信号。GATE信号为门控信号。在软件启动时要求GATE在计数过程中始终保持高电平；而对硬件启动的工作方式，要求在写入计数初值后GATE端出现一个由低到高的正跳变，启动计数。

7.3 8253可编程计数器有两种启动方式。在软件启动时，要使计数正常进行，

GATE 端必须为(　　)电平,如果是硬件启动呢?

解:在软件启动时,要使计数正常进行,GATE 端必须为(高)电平;如果是硬件启动,则要在写入计数初值后使 GATE 端出现一个由低到高的正跳变,以启动计数。

7.4 若 8253 芯片的接口地址为 D0D0H～D0D3H,时钟信号频率为 2MHz。现利用计数器 0、1、2 分别产生周期为 10μs 的对称方波及每 1ms 和 1s 产生一个负脉冲,试画出其与系统的电路连接图,并编写包括初始化在内的程序。

解:根据题目要求可知,计数器 0(CNT0)工作于方式 3,计数器 1(CNT1)和计数器 2(CNT2)工作于方式 2。时钟频率 2MHz,即周期为 0.5μs,从而得出各计数器的计数初值分别为:

$$\text{CNT0}\quad 10\mu s/0.5\mu s=20$$

$$\text{CNT1}\quad 1ms/0.5\mu s=2000$$

$$\text{CNT2}\quad 1s/0.5\mu s=2\times10^6$$

显然,计数器 2 的计数初值已超出了 16 位数的表达范围,需经过一次中间分频,可将 OUT1 端的输出脉冲作为计数器 2 的时钟频率。这样,CNT2 的计数初值就等于 1s/1ms=1000。线路连接如图 7-1 所示。

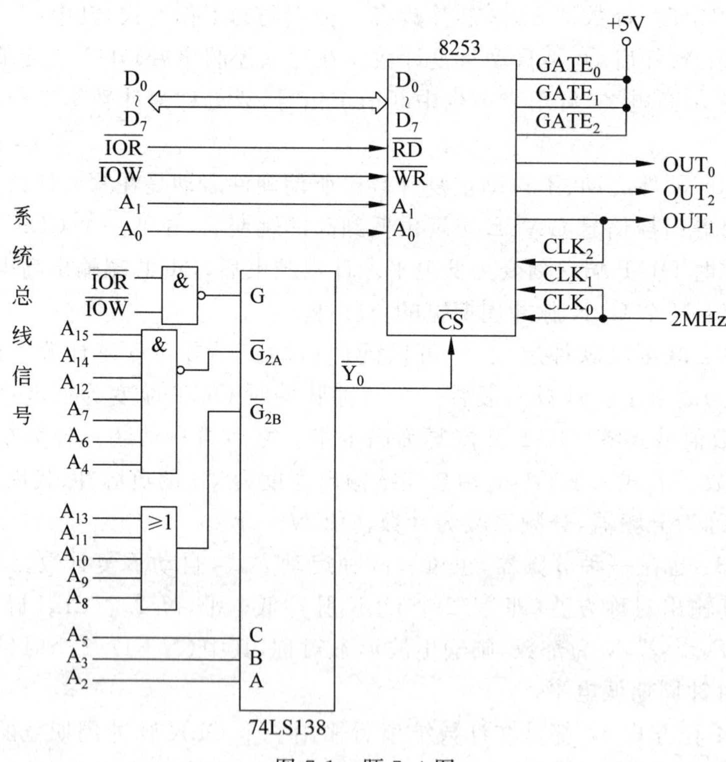

图 7-1　题 7.4 图

8253 的初始化程序如下:

```
MOV DX,0D0D3H
MOV AL,16H             ;计数器 0,低 8 位计数,方式 3
```

```
OUT DX,AL
MOV AL,74H          ;计数器 1,双字节计数,方式 2
OUT DX,AL
MOV AL,0B4H         ;计数器 2,双字节计数,方式 2
OUT DX,AL
MOV DX,0D0D0H
MOV AL,20           ;送计数器 0 计数初值
OUT DX,AL
MOV DX,0D0D1H
MOV AX,2000         ;送计数器 1 计数初值
OUT DX,AL
MOV AL,AH
OUT DX,AL
MOV DX,0D0D2H
MOV AX,1000         ;送计数器 2 计数初值
OUT DX,AL
MOV AL,AH
OUT DX,AL
```

7.5 某一计算机应用系统采用 8253 的计数器 0 作为频率发生器,输出频率为 500Hz;用计数器 1 产生 1000Hz 的连续方波信号,输入 8253 的时钟频率为 1.19MHz。试问:初始化时送到计数器 0 和计数器 1 的计数初值分别为多少?计数器 1 工作于什么方式下?

解:计数器 0 工作于方式 2,其计数初值=1.19MHz/500Hz=2380

计数器 1 工作于方式 3,其计数初值=1.19MHz/1kHz=1190

7.6 若要求 8253 用软件产生一次性中断,最好采用哪种工作方式?现用计数器 0 对外部脉冲计数,每计满 10 000 个脉冲产生一次中断,请写出工作方式控制字及计数初值。

解:若 8253 用软件产生一次性中断,最好采用方式 0,即计数结束产生中断的工作方式。但若要求每计满 10 000 个脉冲产生一次中断,则表示具有重复中断的功能,因此,此时应使计数器 0 工作于方式 3,即连续方波输出方式。其方式控制字为 0011×110B(×表示可以是 0 或 1),计数初值=10 000。

7.7 试比较并行通信与串行通信的特点。

解:并行通信是在同一时刻发送或接收一个数据的所有二进制位。其特点是接口数据的通道宽,传送速度快,效率高。但硬件设备的造价较高,常用于高速度、短传输距离的场合。

串行通信是将数据一位一位地传送。其特点是传送速度相对较慢,但设备简单,需要的传输线少,成本较低。所以常用于远距离通信。

7.8 8255 芯片各端口可以工作在几种方式下?当端口 A 工作在方式 2 时,端口 B 和 C 工作于什么方式下?

解:8255 芯片各端口均可以工作在方式 0 和方式 1 下,而 A 口则可以工作在方式 0、

方式 1 及方式 2 三种方式下。当端口 A 工作在方式 2 时，端口 B 可工作于方式 0 或方式 1，端口 C 的剩余端只能工作于方式 0。

7.9 在对 8255 芯片的 C 口进行初始化为按位置位或复位时，写入的端口地址应是(　　)地址。

解：应是(8255 芯片的内部控制寄存器)地址。

7.10 某 8255 芯片的地址范围为 A380H～A383H，工作于方式 0，A 口、B 口为输出口，现欲将 PC_4 置 0，PC_7 置 1，试编写初始化程序。

解：该 8255 芯片的初始化程序包括置方式控制字及 C 口的按位操作控制字。程序如下：

```
MOV DX,0A383H       ;内部控制寄存器地址送 DX
MOV AL,80H          ;方式控制字
OUT DX,AL
MOV AL,08H          ;PC4 置 0
OUT DX,AL
MOV AL,0FH          ;PC7 置 1
OUT DX,AL
```

7.11 设 8255 芯片的接口地址范围为 03F8H～03FBH，A 组、B 组均工作于方式 0，A 口作为数据输出口，C 口低 4 位作为控制信号输入口，其他端口未使用。试画出该片 8255 芯片与系统的电路连接图，并编写初始化程序。

解：8255 芯片与系统的电路连接如图 7-2 所示。

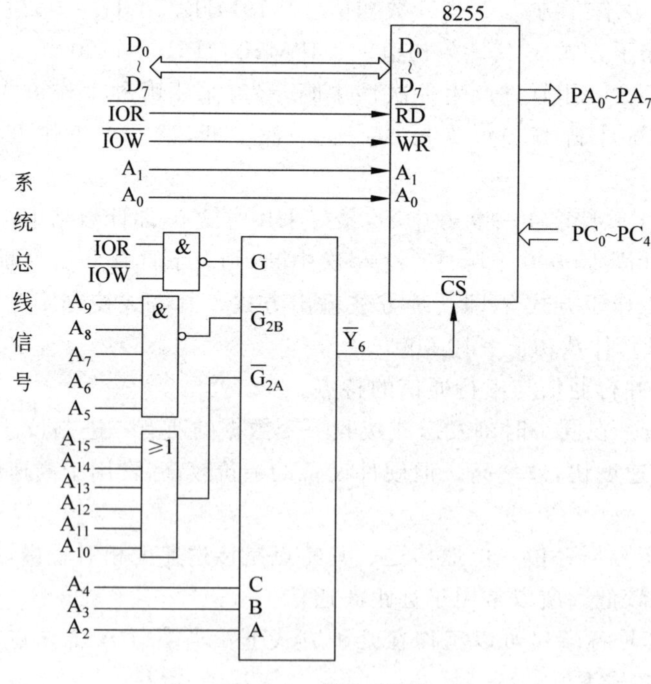

图 7-2　题 7.11 图

由题目知，不需对 C 口置位控制字，只需对 8255 置方式控制字，故其初始化程序如下：

```
MOV DX,03FBH
MOV AL,81H
OUT DX,AL
```

7.12 已知某 8088 微机系统的 I/O 接口电路框图如图 7-3 所示。试完成以下几点。

(1) 根据图中接线，写出 8255、8253 各端口的地址。

(2) 编写 8255 和 8253 的初始化程序。其中，8253 的 OUT_1 端输出 100Hz 方波，8255 的 A 口为输出，B 口和 C 口为输入。

(3) 为 8255 编写一个 I/O 控制子程序，其功能为：每调用一次，先检测 PC_0 的状态，若 $PC_0=0$，则循环等待；若 $PC_0=1$，可从 PB 口读取当前开关 K 的位置(0～7)，经转换计算从 A 口的 PA_0～PA_7 输出该位置的二进制编码，供 LED 显示。

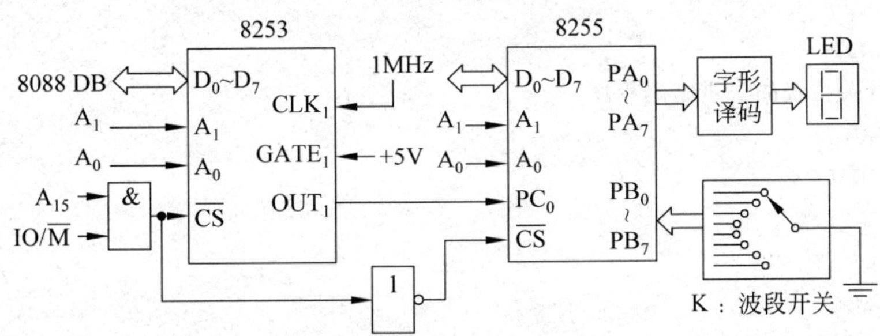

图 7-3 题 7.12 接口电路框图

解：(1) 8255 的地址范围为：8000H～FFFFH。

8253 的地址范围为：0000H～7FFFH。

(2)

```
;初始化 8255
MOV DX,8003H
MOV AL,8BH            ;方式控制字,方式 0,A 口输出,B 口和 C 口输入
OUT DX,AL
;初始化 8253
MOV DX,0003H          ;内部寄存器口地址
MOV AL,76H            ;计数器 1,先写低 8 位,后写高 8 位,方式 3,二进制计数
OUT DX,AL
MOV DX,0001H          ;计数器 1 端口地址
MOV AX,10000          ;设计数初值=10 000
OUT DX,AL
MOV AL,AH
OUT DX,AL
```

(3)

```
;8255 控制子程序
```

```
;定义显示开关位置的字形译码数据
DATA SEGMENT
BUFFER DB 3FH,06H,5BH,0FH,66H,6DH,7CH,07H
DATA ENDS
;
CODE SEGMENT
        ASSUME CS:CODE,DS:DATA
MAIN    PROC
        PUSH DS
        MOV AX,DATA
        MOV DS,AX
        CALL DISP
        POP DS
        RET
MAIN    ENDP
  ;输出开关位置的二进制码程序
DISP    PROC
        PUSH CX
        PUSH SI
        XOR CX,CX
        CLC
        LEA SI,BUFFER
        MOV DX,8002H
WAITT:  IN AL,DX
        TEST AL,01H
        JZ WAITT
        MOV DX,8001H
        IN AL,DX
 NEXT:  SHR AL,1
        INC CX
        JC NEXT
        DEC CX
        ADD SI,CX
        MOV AL,[SI]
        MOV DX,8000H
        OUT DX,AL
        POP SI
        POP CX
        RET
        DISP ENDP
CODE    ENDS
        END MAIN
```

7.13 试说明串行通信的数据格式。

解：串行通信通常包括两种方式，即同步通信和异步通信。二者因通信方式的不同而有不同的数据格式，其数据格式可参见主教材的图 7-2 和图 7-3。

7.14 串行通信接口芯片 8250 的给定地址为 83A0H～83A7H，试画出其与 8088 系统总线的连接图。采用查询方式由该 8250 发送当前数据段、偏移地址为 BUFFER 的顺序 100 个字节的数据，试编写发送程序。

解：8250 与系统连接如图 7-4 所示。

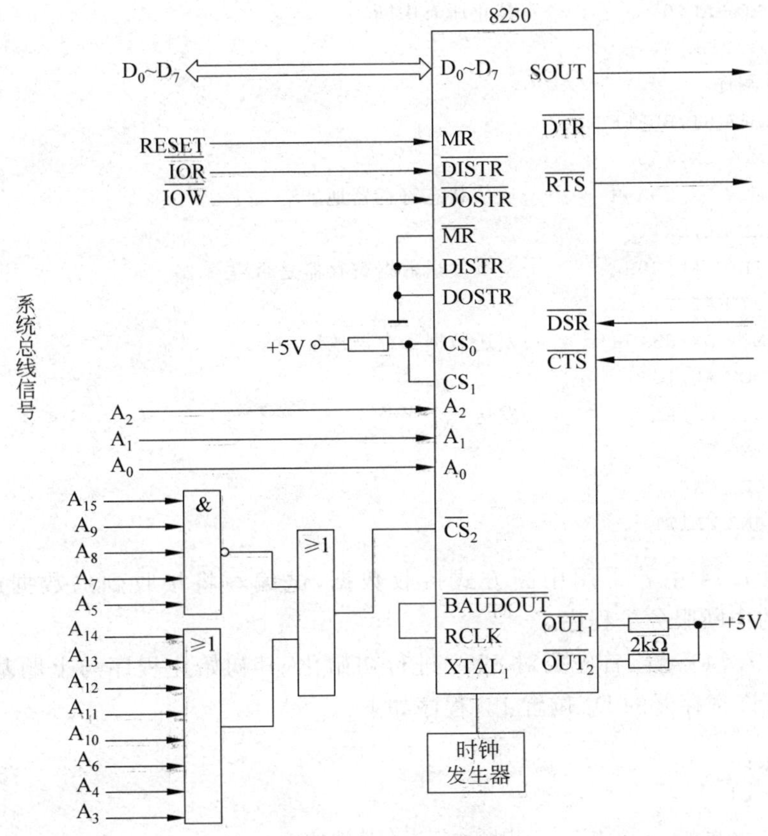

图 7-4　题 7.14 图

假设要写入除数锁存器的除数为 96，即 0060H。程序如下：

```
;8250 的初始化程序
  BEGIN:MOV DX,83A3H          ;通信控制寄存器地址
        MOV AL,80H            ;使通信控制寄存器的 D7=1
        OUT DX,AL
        MOV DX,83A0H          ;除数锁存器地址
        MOV AL,60H            ;除数为 0060H
        OUT DX,AL             ;写除数低 8 位
        INC DX
        MOV AL,0
        OUT DX,AL             ;写除数高 8 位
```

```
        MOV DX,83A3H           ;通信控制寄存器地址
        MOV AL,0AH             ;1 位停止位,7 位数据位,奇校验
        OUT DX,AL              ;初始化通信控制寄存器
        MOV DX,83A4H           ;MODEM 控制寄存器地址
        MOV AL,03H             ;使 DTR 和 RTS 有效
        OUT DX,AL
        MOV DX,83A1H           ;中断允许寄存器地址
        MOV AL,0               ;禁止所有中断
        OUT DX,AL
;数据发送程序
SENDATA:LEA SI,BUFFER
        MOV CX,100
  WAITT:MOV DX,83A5H           ;通信状态寄存器地址
        IN AL,DX
        TEST AL,20H            ;检查发送数据寄存器是否空
        JZ WAITT
        MOV DX,83A0H           ;发送数据寄存器地址
        MOV AL,[SI]
        OUT DX,AL              ;发送一个字节
        INC SI
        DEC CX
        JNZ WAITT
```

7.15 题 7.14 中若采用中断方式接收数据,试编写将接收到的数据放在数据段 DATA 单元的中断服务子程序。

解:同题 7.14 一样,首先要对 8250 进行初始化,其初始化程序与上题基本相同,只是要将中断允许寄存器的 D_0 位置 1。程序如下:

```
    BEGIN:…
          ⋮
          MOV DX,83A1H         ;中断允许寄存器地址
          MOV AL,01H           ;允许接收数据寄存器满产生中断
          OUT DX,AL
          STI
;接收数据子程序
  RECDATA:PUSH AX
          PUSH BX
          PUSH DX
          PUSH DS
          MOV DX,83A5H
          IN AL,DX
          MOV AH,AL            ;保存接收状态
          MOV DX,83A0H
          IN AL,DX             ;读入接收到的数据
```

```
          AND AL,7FH
          TEST AH,1EH        ;检查有无错误产生
          JNZ ERROR
SAVEDATA: MOV DX,SEG DATA
          MOV DS,DX
          MOV SI,OFFSET DATA
          MOV [SI],AL
          MOV DX,中断控制器 8259 端口地址
          MOV AL,20H         ;发送中断结束命令给 8259
          OUT DX,AL
          POP DS
          POP DX
          POP BX
          POP AX
          STI
          IRET
```

第 8 章 模拟量的输入输出

8.1 试说明将一个工业现场的非电物理量转换为计算机能够识别的数字信号主要需经过哪几个过程？

解：将工业现场的非电物理量转换为计算机能够识别的数字信号的过程就是模拟量的输入信道，主要需经过以下几个环节。

(1) 由传感器将非电的物理量转换为电信号或可进一步处理的电阻值、电压值等非电量。

(2) 变送器将传感器输出的微弱电信号或电阻值等非电量转换成统一的电信号。

(3) 信号处理。去除叠加在变送器输出信号上的干扰信号，并将其进行放大或处理成与 A/D 转换器所要求的输入相适应的电压水平。

(4) 如果是多路模拟信号共享一个 A/D 转换器，则需添加多路转换开关。

(5) 采样保持。因完成一次 A/D 转换需要一定的时间，而转换期间要求保持输入信号不变，所以增加采样保持电路，以保证在转换过程中输入信号始终保持在其采样时的值。

(6) A/D 变换。将输入的模拟信号转换为计算机能够识别的数字信号。

8.2 什么是 A/D 转换器？什么是 D/A 转换器？它们的主要作用是什么？

解：A/D 转换器是模拟量转换为数字量的集成电路芯片，在模拟量的输入信道中用于将工业现场采集的模拟信号转换为计算机能够识别的数字信号。常用于数据采集系统。

D/A 转换器的功能正好相反，它是将计算机输出的数字量转换为模拟信号，用以驱动执行机构。常用于死循环控制系统或信号发生器。

8.3 D/A 转换器主要有哪些技术指标？影响其转换误差的主要因素是什么？

解：D/A 转换器主要技术指标有：分辨率、转换精度、转换时间、线性误差和动态范围等。

影响其转换误差的主要因素除由位数产生的转换误差(即分辨率)外，还有非线性误差、温度系数误差、电源波动误差及运算放大器误差等。

8.4 对于一个 10 位的 D/A 转换器，其分辨率是多少？如果输出满刻度电压值为 5V，那么一个最低有效位对应的电压值等于多少？

解：因为 D/A 变换器的分辨率$=1/(2^n-1)\times 100\%$，所以，一个 10 位的 D/A 变换器

的分辨率=1/1023×100%≈0.097 8%。

（分辨率也可用D/A转换器的位数表示，即可以说该D/A转换器的分辨率是10位。）

若输出满刻度电压值为5V，则其一个LSB对应的电压值=$5/(2^n-1)$=5/1023≈4.89mV。

8.5 某一测控系统要求计算机输出模拟控制信号的分辨率必须达到1‰，则应选用的D/A芯片的位数至少是多少？

解：因为D/A芯片的分辨率=$1/(2^n-1)\times100\%$，所以，要使计算机输出模拟控制信号的分辨率达到1‰，则应选用的D/A芯片的位数至少是10位。

8.6 DAC0832在逻辑上由哪几个部分组成？可以工作在哪几种模式下？不同工作模式在线路连接上有什么区别？

解：DAC0832在逻辑上包括一个8位的输入寄存器、一个8位的DAC寄存器和一个8位的D/A转换器3个部分。可以工作在3种模式下，即双缓冲模式、单缓冲模式及直通模式。

在双缓冲模式下，CPU对DAC0832要进行两步写操作。先将数据写入输入寄存器，再将输入寄存器的内容写入DAC寄存器，并进行一次变换。即此时DAC0832占用两个接口地址，可将ILE固定接+5V，$\overline{WR_1}$、$\overline{WR_2}$接到$\overline{IOW}$，$\overline{CS}$和$\overline{XFER}$分别接到两个端口的地址译码信号线。

当工作于单缓冲模式时，数据写入输入寄存器后将直接进入DAC寄存器，并进行一次变换。此时DAC0832仅占用一个接口地址，故在线路连接上，只需通过ILE，$\overline{WR_1}$和$\overline{CS}$进行控制，通常仍将ILE固定接+5V，$\overline{WR_1}$接$\overline{IOW}$，$\overline{CS}$接到地址译码器的输出端。$\overline{WR_2}$和$\overline{XFER}$直接接地。

直通工作方式是将$\overline{CS}$、$\overline{WR_1}$、$\overline{WR_2}$以及$\overline{XFER}$引脚都直接接数字地，ILE接+5V，芯片处于直通状态，只要有数字量输入，就立刻转换为模拟量输出。

8.7 如果要求同时输出3路模拟量，则3片同时工作的DAC0832芯片最好采用哪一种工作模式？

解：考虑到3路模拟量需同步输出，可使3片DAC0832芯片工作于双缓冲模式。使3路数字量先分别锁存到3片DAC0832芯片的输入寄存器，再同时打开各自的DAC寄存器，使3路模拟量同时输出。

8.8 某8位D/A转换器，输出电压为0V～5V。当输入的数字量为40H、80H时，其对应的输出电压分别是多少？

解：当输出电压为0V时，对应的数字量输入为00H；输出为5V时，输入为FFH。

所以，当输入的数字量为40H、80H时，其对应的输出电压分别约为1.255V和2.451V。

8.9 ADC0809是完成什么功能的芯片？试说明它的转换原理。

解：ADC0809是完成将输入模拟量转换为数字量输出的集成电路芯片。其工作原理为逐位反馈型（或称逐位逼近型）。内部主要由逐次逼近寄存器、D/A转换器、电压比较器和一些时序控制逻辑电路等组成。逐次逼近寄存器的位数就是ADC0809的位数。

转换开始前，先将逐次逼近寄存器各位清零，然后设其最高位为 1(即为 10 000 000B)，逐次逼近寄存器中的数字量经 D/A 转换器转换为相应的模拟电压 V_C，并与模拟输入电压 V_x 进行比较，若 $V_x \geqslant V_C$，则逐次逼近寄存器中最高位的 1 保留，否则就将最高位清零。然后再使次高位置 1，进行相同的过程，直到逐次逼近寄存器的所有位都被确定。转换过程结束后，该寄存器中的二进制码就是 A/D 转换器的输出。

8.10 设 DAC0832 工作在单缓冲模式下，端口地址为 034BH，输出接运算放大器。试画出其与 8088 系统的线路连接图，并编写输出三角波的程序段。

解：DAC0832 工作在单缓冲模式下与系统的线路连接图如图 8-1 所示。

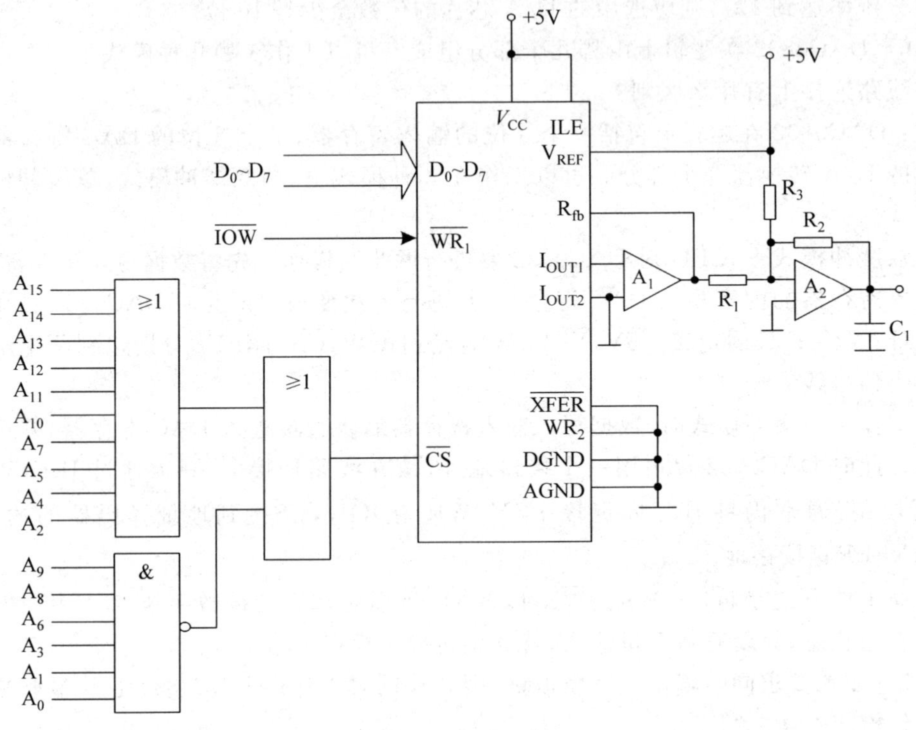

图 8-1　题 8.10 图

因 DAC0832 为 8 位，故其最大输出对应的二进制码是 0FFH，而最小输出对应 00H。现利用该芯片输出连续的三角波的程序如下：

```
START:MOV DX,034BH
NEXT1:INC AL
      OUT DX,AL
      CMP AL,0FFH          ;比较是否达到最大值
      JNE NEXT1
NEXT2:DEC AL               ;达到最大值则减 1
      OUT DX,AL
      CMP AL,00H           ;比较是否达到最小值
      JNE NEXT2
      JMP NEXT1
```

8.11 对8位、10位和12位的A/D转换器，当满刻度输入电压为5V时，其量化间隔各为多少？绝对量化误差又为多少？

解：量化间隔分别为：$\Delta=5V/255\approx19.6mV$　　绝对量化误差：$\Delta/2\approx9.8$

$\Delta=5V/1023\approx4.89mV$　　$\Delta/2\approx2.45$

$\Delta=5V/4095\approx1.22mV$　　$\Delta/2\approx0.61$

8.12 某工业现场的3个不同点的压力信号经压力传感器、变送器及信号处理环节等分别送入ADC0809的IN_0、IN_1和IN_2端。计算机巡回检测这3点的压力并进行控制。试编写数据采集程序。

解：ADC0809的数据采集程序可参见主教材第351页，只是书中完成的是对8路模拟量的采集，本题目中只有3路，即第351页程序中的CX要赋值3。

8.13 设被测温度的变化范围为0℃～100℃，若要求测量误差不超过0.1℃，应选用分辨率为多少位的A/D转换器？

解：由题目知：

$$(1/2)\Delta=0.1\longrightarrow(1/2)(100/2^n-1)=0.1$$

从而得$n\approx9$，即至少应选用分辨率为9位的A/D转换器。

8.14 某11位A/D转换器的引线及工作时序如图8-2所示，利用不小于1μs的后沿脉冲(START)启动转换。当$\overline{BUSY}$端输出低电平时表示正在转换，$\overline{BUSY}$变高则转换结束。为获得转换好的二进制数据，必须使$\overline{OE}$为低电平。现将该A/D转换器与8255相连，8255的地址范围为03F4H～03F7H。试画线路连接图，编写包括8255初始化程序在内的、完成一次数据转换并将数据存放在DATA中的程序。

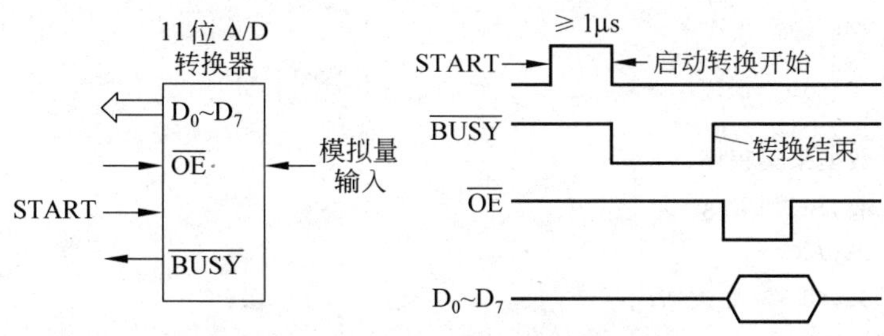

图8-2　11位A/D的引线及时序

解：A/D转换器通过8255与系统的线路连接如图8-3所示。

程序设计如下：

```
;8255的初始化程序
 INIT   PROC NEAR
        PUSH DX
        PUSH AX
        MOV DX,03F7H
        MOV AL,9AH              ;方式0,A、B口输入,C口高4位输入,低4位输出
        OUT DX,AL
        MOV AL,01H              ;PC0初始置1
```

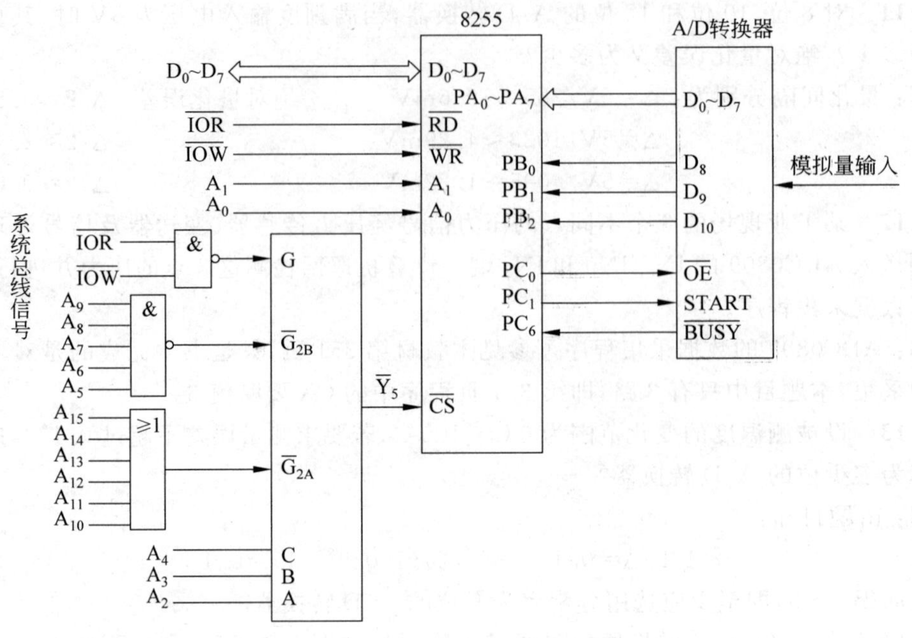

图 8-3　A/D 转换器与系统连接图

```
        OUT DX,AL
        MOV AL,02H
        OUT DX,AL              ;PC1初始置 0
        POP AX
        POP DX
        RET
    INIT ENDP
    ;完成一次数据采集程序
START:  MOV AX,SEG DATA
        MOV DS,AX
        MOV SI,OFFSET DATA
        CALL INIT              ;初始化 8255
        MOV DX,03F6H
        MOV AL,03H             ;输出 START 信号
        OUT DX,AL
        NOP                    ;空操作使 START 脉冲不小于 1μs
        MOV AL,01H
        OUT DX,AL              ;空操作等待转换
        WAITT:IN AL,DX         ;读 BUSY 状态
        AND AL,40H
        JZ WAITT               ;若 BUSY 为低电平则等待
        AND AL,0FEH
        OUT DX,AL              ;EOC 端为高电平则输出读允许信号 OE=0
        MOV DX,03F5H
```

```
IN AL,DX              ;读入变换结果的高 3 位
MOV [SI],AL           ;将转换的数字量送存储器
INC SI                ;修改指针
MOV DX,03F4H
IN AL,DX              ;读入变换结果的低 8 位
MOV [SI],AL
HLT
```

下　　篇

微型计算机原理与接口技术实验指导

第9章 汇编语言程序设计实验

在《微型计算机原理与接口技术(第4版)》中,有关指令集和汇编语言程序设计的内容占有较大篇幅。本章结合主教材内容及相关课程教学需求,首先简要介绍汇编程序的功能及汇编语言程序设计的一般过程,再由浅入深地安排部分最常用指令的针对性实验及综合实验。

9.1 汇编语言程序设计实验介绍

9.1.1 汇编程序及主要功能

用程序设计语言编写的程序都称为源程序。除了机器语言源程序,所有源程序都不能被计算机直接识别,当然也就无法直接运行。所以,各种程序设计语言编写的源程序都需要经过编译,转换为用0和1构成的机器语言程序。

各种高级语言都有自己的编译程序(或称编译器)。例如,Visual Studio是微软公司推出的功能强大的编译器,它支持对C/C++/C#等高级语言源程序的编译、链接、调试等。与高级语言一样,汇编语言也有自己的编译器。与高级语言不同的是,通常将汇编语言的编译器称为汇编程序(而非编译程序)。

汇编程序是最早也是最成熟的一种系统软件。它的主要功能包括以下几点。

(1) 将汇编语言源程序翻译为机器语言程序,生成后缀为obj的目标程序。

(2) 根据用户的要求自动分配存储区域,包括程序区、数据区、暂存区等。

(3) 把用各种计数制表示的数据转换为二进制数,并将负数转换为补码。

(4) 将字符转换为ASCII码。本书所使用的宏汇编程序不支持中文字符。

(5) 计算表达式的值。

(6) 源程序检查。自动检查源程序中是否存在语法和词法错误。如果存在,则给出错误提示信息(如非法格式,未定义的助记符、标号,漏掉操作数等);如果不存在,则生成机器语言目标程序。

具有上述功能的汇编程序称为基本汇编程序。本书实验所使用的汇编程序是较基本汇编程序功能更加强大的宏汇编程序(MASM)。

宏汇编程序是具有宏加工功能的汇编程序。它在基本汇编程序基础上增加了宏指令、结构、记录等高级汇编语言功能。允许在源程序中把一个指令序列定义为一条宏指令。再在使用的位置上用一条宏调用指令调用它们。如果源程序中有宏调用,汇编时会进行宏展开,即将所定义的宏体(目标代码)插入到该位置上,并用实参取代宏定义中的形参(有关宏定义和宏调用的具体描述请参见主教材)。

9.1.2 汇编语言程序设计过程

图 9-1 表示汇编语言程序的设计过程。与高级程序设计语言一样,一个汇编语言程序要能够被执行,也需要经过编写源程序、编译、链接、调试运行等环节。

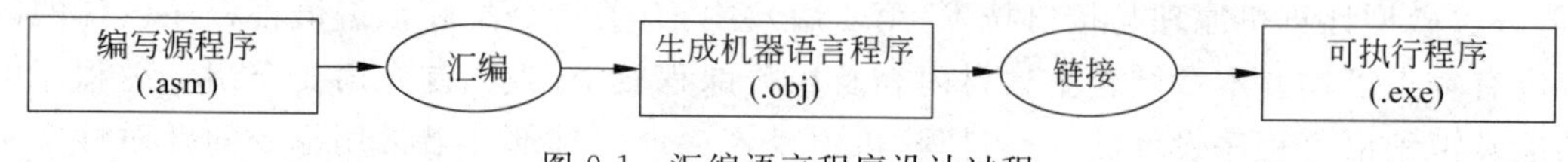

图 9-1 汇编语言程序设计过程

汇编语言程序设计过程如下。

(1) 源程序编写。在编辑程序中编写汇编语言源程序。本实验中可以使用宏汇编程序自带的编辑程序 edit,也可以直接使用写字板(notepad)。

与所有文件操作一样,源程序编写完成后需要保存。源文件的命名一般应遵循不与指令助记符或伪指令重名,不超过 31 个字符。需要特别注意的是,无论源程序文件起什么名字,在保存时必须加上扩展名 asm,例如 test.asm。

说明:汇编语言程序中不区分大小写字母。即 ASM 和 asm 具有完全相同的意义。

(2) 编译。源程序编写完成后,用汇编程序将源程序"翻译"为机器语言程序,形成属性为 obj 的目标文件。在汇编过程中,如果源程序存在语法错误,则不能生产目标程序,必须返回编辑程序对源程序进行修改,直到汇编通过。**请注意:汇编程序和所有编译程序一样,只能实现对语法、词法错误的检查(如操作数字长不匹配、变量名拼写错误等),无法检测出程序是否存在逻辑错误或运行错误。后者需要通过调试来判断和查找。**

(3) 链接。除源程序编写外,在多道程序环境中,要想将一个用户源程序变为一个可以在内存中执行的程序,通常还需要编译、链接和装入 3 个步骤。汇编程序将源程序翻译为目标程序(obj 文件)后,虽然已经是二进制文件,但还不能执行。还需要由链接程序将汇编后形成的目标程序及其所需要的库函数链接在一起,形成一个完整的装入模块。再由装入程序装入内存中才能真正被执行。

在源程序通过汇编(编译)生成 obj 目标程序后(表示通过了语法检查),就可以链接了。请注意链接也可能出现错误,表现为无法生成可执行文件。最常见的是链接找不到 lib 库。在本书的宏汇编实验环境下,常见的链接错误是链接程序故障。

(4) 调试。通过链接后,就可以运行程序了。但程序在执行过程中如果出现异常(比如提前退出等)或运行结果不正确(例如执行 2+5 后,屏幕上没有显示 7,而是显示出一个怪异的字符等),则说明存在运行错误或逻辑错误。上文已说到,汇编程序只能够检查源程序中是否存在语法错误,但无法检测程序是否存在逻辑错误和运行错误。这种情况下，就需要调试。

程序调试是发现程序中存在问题的有效手段。调试方法可以有多种，在本书所述的实验环境下，由于程序均为单模块程序，且代码行数都比较少。可以选择“单步执行”或“打断点”的方法来查找错误。

9.1.3 汇编语言程序设计实验环境

1. 硬件环境

微型计算机(Intel x86 系列 CPU) 一台。

2. 软件环境

(1) Windows XP/7 等 32 位 Windows 操作系统。如果是 64 位操作系统，则需要先安装 32 位虚拟机(可以通过网络免费下载安装)。

(2) 宏汇编程序(MASM 或 TASM)。在 32 位 Windows 操作系统中安装宏汇编程序 MASM 或 TASM。包括：

- 任意一种文本编辑器(edit、notepad(记事本)等)；
- 汇编程序(MASM. exe 或 TASM. exe)；
- 链接程序(link. exe 或 tlink. exe)；
- 调试程序(td. exe)。

本书建议文本编辑器使用 edit 或 notepad，汇编程序使用 MASM. exe，链接程序使用 link. exe，调试程序使用 td. exe。

9.1.4 汇编语言程序设计实验步骤

安装完宏汇编程序后，就可以开始编程了。为了帮助读者理解汇编语言程序设计的过程，本书借助一个示例来描述。

【例 9-1】 假设已在 D 盘根目录下安装了名为 MASM5 的宏汇编程序。要求：编写一个汇编语言程序，实现在屏幕上显示输出“Hello!”。

完成该题目，需要通过编写源程序、汇编、链接、调试执行等环节。

1. 编写源程序

(1) 通过 Windows 的资源管理器查找已安装在本机的宏汇编程序(MASM/TASM)，确定其所在路径(盘符、文件夹)。

(2) 在 Windows 中单击桌面左下角的“开始”→“所有程序”→“附件”→“命令提示符”，出现如图 9-2 所示的命令提示符页面(图中版本编号随操作系统而异，可忽略)。

(3) 在图 9-2 所示的命令提示符页面上，依次输入图 9-3(a)所示 DOS 命令，转到宏汇编程序所在文件夹。然后，在该路径下输入源程序编辑命令 edit(如图 9-3(b))，就进入

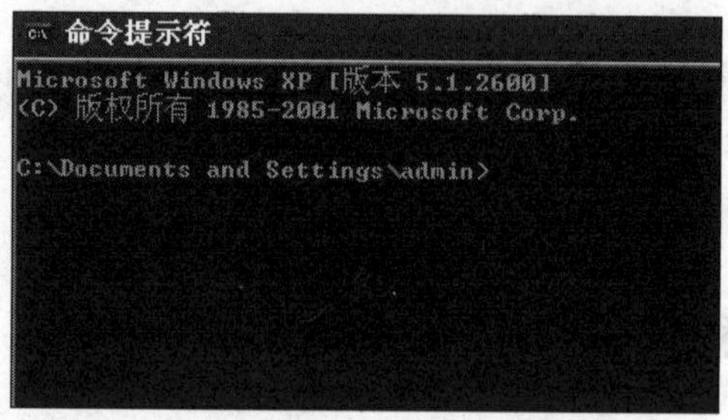

图 9-2　命令提示符页面

图 9-4 所示的源程序编写页面。

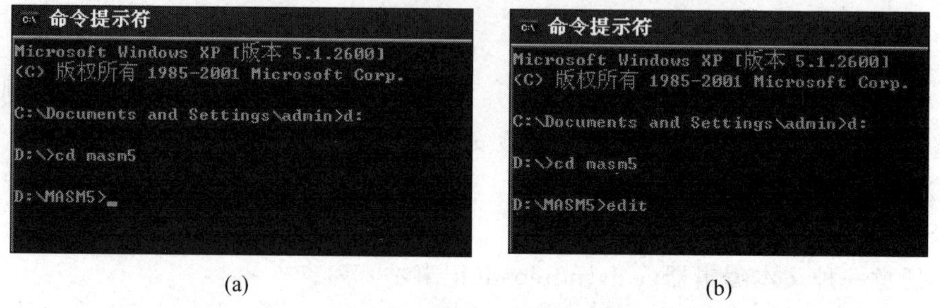

图 9-3　命令提示符页面

进入图 9-4 所示编辑页面后，在键盘上按 Esc 键，可关闭页面上的版本信息。页面窗口的上边是菜单行，最下面一行是编辑键和功能键，它们都符合 Windows 的标准，这里不再赘述。菜单可以用 Alt 键激活，然后用方向键选择菜单项，也可以直接用 Alt＋F 组合键打开 File 文件菜单，用 Alt＋E 组合键打开 edit 编辑菜单等。edit 是一个全屏幕编辑程序，可以使用方向键把光标定位到编辑窗口的任何一个地方。

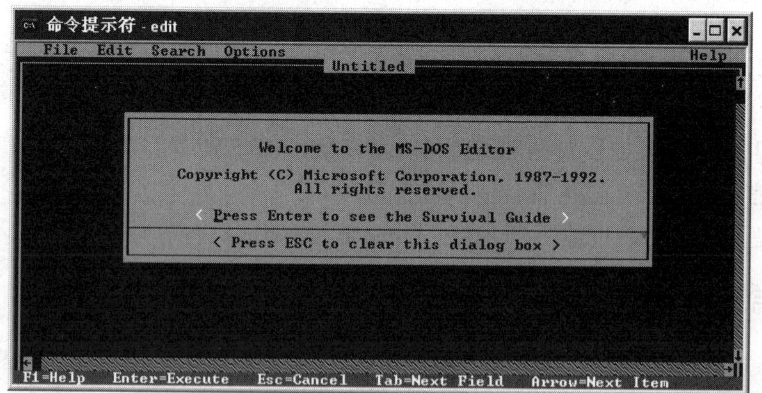

图 9-4　源程序编写页面

现在，就可以开始编写源程序了。

源程序输入完毕后，用 Alt＋F 组合键打开 File 菜单，用其中的 Save 功能将文件保存。如果在输入 edit 命令时未给出源程序文件名，则这时会弹出一个 Save as 窗口，在这个窗口中输入你想要保存源程序的路径和文件名。

注意：保存源文件时，一定要加扩展名 asm。另外，建议源文件的保存路径直接选择当前路径，即按图 9-5 所示，直接在“File Name：”中输入源文件名即可(如 hello.asm)。这样能给后面的汇编和链接操作带来很大方便。

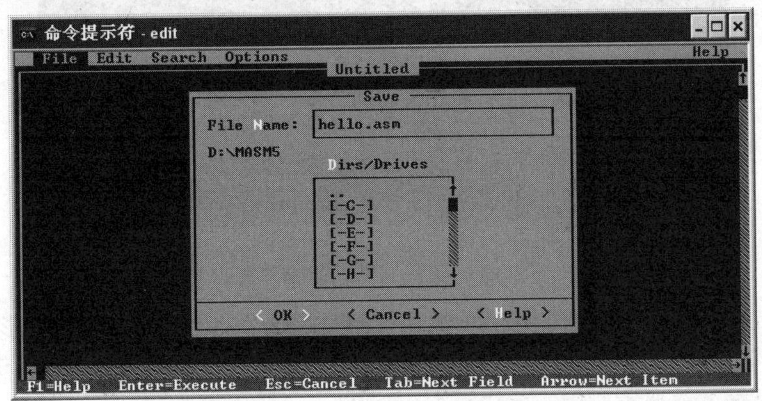

图 9-5　源程序文件保存

2. 用 MASM.EXE 汇编源程序

源文件 hello.asm 建立后，下一步就是汇编，以生成二进制的目标文件(.obj 文件)。需要注意的是，因为宏汇编程序 MASM 是实模式下的运行程序，所以如下操作都需要在 DOS 命令提示符窗口中进行。

保存源文件后，单击菜单 File→Exit，回到图 9-3(a)所示页面，输入汇编命令 MASM (可在命令后直接输入源程序名)，按照图 9-6 所示的步骤操作。

```
D:\MASM5>masm hello.asm
Microsoft (R) Macro Assembler Version 5.00
Copyright (C) Microsoft Corp 1981-1985, 1987.  All rights reserved.

Object filename [hello.OBJ]:
Source listing  [NUL.LST]:
Cross-reference [NUL.CRF]:

  50278 + 414506 Bytes symbol space free

      0 Warning Errors
      0 Severe  Errors
```

图 9-6　MASM 汇编源程序

对汇编过程中出现的 Object filename、Source listing 和 Cross-reference 等选项可以直接按回车键。

注意：如果打开 MASM 程序时未给出源程序名，则 MASM 程序会首先提示让你输入源程序文件名(Source filename)，此时输入源程序文件名 hello.asm 并按回车键，然后进行的操作与上述完全相同。

如果汇编成功，则界面上会呈现“0 Warning Errors”“0 Severe Errors”。此时就生成了与源程序文件名同名、但扩展名为 obj 的目标文件(保存在与源文件相同的路径下)。

如果源文件存在语法错误，MASM 会指出错误的行号和错误的原因（**注：此时不会生成 obj 文件**）。图 9-7 是在汇编过程中检查出 2 个错误的例子。系统给出了 1 个警告和 1 个错误提示。

```
D:\MASM5>edit hello.asm

D:\MASM5>masm hello.asm
Microsoft (R) Macro Assembler Version 5.00
Copyright (C) Microsoft Corp 1981-1985, 1987.  All rights reserved.

Object filename [hello.OBJ]:
Source listing  [NUL.LST]:
Cross-reference [NUL.CRF]:
hello.asm(10): error A2050: Value out of range
hello.asm(15): warning A4031: Operand types must match

  50278 + 414506 Bytes symbol space free

      1 Warning Errors
      1 Severe  Errors

D:\MASM5>_
```

图 9-7　有错误的汇编过程例子

可以看出，源程序的错误类型有两类：一类是警告（warning），警告不影响程序的运行，但可能会得出错误的结果；另一类是错误（error），对于错误，MASM 将无法生成 obj 文件。此例中有 1 个严重错误。

在错误信息中，圆括号里的数字为出错误代码的行号（在此例中，error 和 warning 分别出现在第 10 行和第 15 行），后面给出了错误类型及具体错误原因。如果出现了严重错误，你必须重新进入 edit 编辑器，根据错误代码的行号和错误原因来修改源程序，直到汇编没有错误为止。

3. 用 link. exe 产生 exe 可执行文件

在上一步骤中，汇编程序产生了二进制目标文件（obj），要使编写的程序能够运行，还必须用链接程序（link. exe）把 obj 文件转换为可执行的 exe 文件。

继续在路径 D:\MASM5> 后输入 link 及 obj 文件名，进行链接操作。操作时的屏幕显示如图 9-8 所示（注：链接时，目标程序文件名 hello 之后的扩展名 obj 可以省略）。

```
D:\MASM5>link hello.obj

Microsoft (R) Overlay Linker  Version 3.60
Copyright (C) Microsoft Corp 1983-1987.  All rights reserved.

Run File [HELLO.EXE]:
List File [NUL.MAP]:
Libraries [.LIB]:

D:\MASM5>
```

图 9-8　链接生成可执行文件

同样，进入链接程序后，系统会提示输入可执行文件名（Run File）及其他两个提示选项，如果都直接按回车键，则可执行文件名默认与源文件同名。注意，若打开链接程序时未给出 obj 文件名，则链接程序会首先提示输入 obj 文件名（Object Modules），此时输入 obj 文件名 hello. obj 并按回车键，然后进行的操作与上述完全相同。

如果没有错误，链接程序就会建立一个 hello. exe 文件。如果 obj 文件有错误，链接程序会指出错误的原因。对于无堆栈警告（Warning：NO STACK segment）信息，可以不予理睬，它不影响程序的执行。如链接时有其他错误，须检查、修改源程序，重新汇编、链接，直到修改正确。

4. 执行程序

建立了 hello.exe 文件后，就可以直接在 DOS 下运行此程序。在当前路径下直接输入可执行文件名 hello，然后按回车键，屏幕上就显示出运行结果。如图 9-9 所示就是例 9-1 所要求的（hello 程序）的运行结果。它与大家习惯的 Windows 界面有较大的区别。

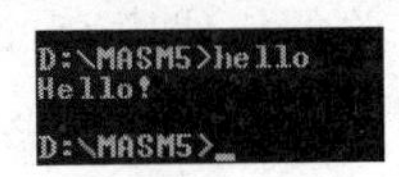

图 9-9 字符界面下 hello.exe 程序的执行结果

程序运行结束后，返回 DOS。如果程序不显示结果，我们如何知道程序是否正确或问题出在哪里呢？此时，就需要用到调试工具 td.exe 了。

5. 调试程序

调试是程序设计非常重要的一个环节。任何程序在编写过程中都很难保证一次正确，部分程序因没有中间输出结果，也需要在调试环境下观察其运行的正确性。调试程序能力的高低是反映程序员水平的一个重要指标。

Turbo Debugger（简称 TD）是 Borland 公司开发的一款具有窗口界面的程序调试工具。利用 TD，用户能够调试已有的可执行程序（后缀为 exe）；也可以在 TD 中直接输入程序指令，编写简单的程序（在这种情况下，用户每输入一条指令，TD 就立即将输入的指令汇编成机器指令代码）。

对例 9-1 编写的 hello 程序，在链接完成后，按照图 9-10 所示方法进入图 9-11 所示的 TD 调试界面。

```
D:\MASM5>link hello

Microsoft (R) Overlay Linker  Version 3.60
Copyright (C) Microsoft Corp 1983-1987.  All rights reserved.

Run File [HELLO.EXE]:
List File [NUL.MAP]:
Libraries [.LIB]:

D:\MASM5>td hello
```

图 9-10 进入 td.exe

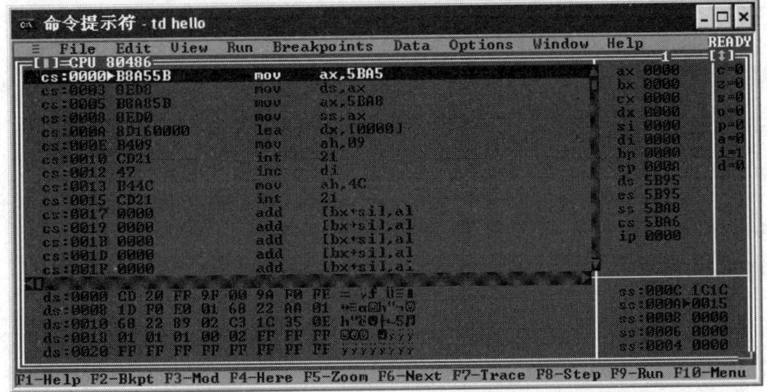

图 9-11 TD 程序调试环境

在图 9-11 中,光标所指向的就是待执行的指令。此时,可以通过单步执行、打断点等方法,来查找程序中可能存在的逻辑错误(对例 9-1 所要求的程序段,因为很短,可以首先选择“单步执行”来观察执行状况)。对没有输出结果的程序,也可以在这个环境下观察每条指令执行的结果。

有关如何使用 td.exe 程序的简要说明请读者参阅本书附录。**请读者在进行以下实验之前,务必了解 td.exe 程序的使用方法。**

9.2 数据传送实验

9.2.1 实验目的

(1) 熟悉 8086 指令系统的数据传送指令及 8086 的寻址方式。

(2) 利用 Turbo Debugger 调试工具来调试汇编语言程序。

(3) 初步理解汇编语言程序设计方法。

9.2.2 实验预习要求

(1) 复习 8086 指令系统中的数据传送类指令和 8086 的寻址方式。

(2) 预习 Turbo Debugger 的使用方法(见附录)。包括:

① 如何启动 Turbo Debugger;

② 如何在各窗口之间切换;

③ 如何查看或修改寄存器、状态标志和存储单元的内容;

④ 如何输入程序段;

⑤ 如何单步运行程序段和用设置断点的方法运行程序段。

(3) 按照题目要求预先编写好实验中的程序段。

9.2.3 实验任务

1. MOV 指令实验

1) 实验内容

通过下述程序段的输入和执行来熟悉 Turbo Debugger 的使用,并通过显示器屏幕观察程序的执行情况。**注:本实验只需在 td.exe 下进行。**

练习程序段如下:

```
MOV BL,08H
MOV CL,BL
MOV AX,03FFH
```

```
MOV BX,AX
MOV DS:[0020H],BX
```

2）操作指导

(1) 启动 Turbo Debugger(td.exe)。

(2) 使 CPU 窗口为当前窗口。

(3) 输入程序段。

• 利用↑、↓方向键移动光标来确定输入位置，然后从光标所在的地址处开始输入，**强烈建议把光标移到 CS:0100H 处开始输入程序**。

• 在光标处直接输入练习程序段指令，输入时屏幕上会弹出一个输入窗口，这个窗口就是指令的临时编辑窗口。每输入完一条指令，按回车键，输入的指令即可出现在光标处，同时光标自动下移一行，以便输入下一条指令。例如：

```
MOV  BL,08H↙        (↙表示回车键)
MOV  CL,BL↙
```

小窍门：窗口中前面曾经输入过的指令均可重复使用，只要用方向键把光标定位到所需的指令处，按回车键即可。

(4) 执行程序段。

① 用单步执行的方法执行程序段。

• 使 IP 寄存器指向程序段的开始处。方法如下：

把光标移到程序段开始的第一条指令处，按 Alt+F10 组合键，弹出 CPU 窗口的局部菜单，选择“New cs:ip”项，按回车键，这时 cs 和 ip 寄存器(在 CPU 窗口中用▸符号表示，▸符号指向的指令就是当前要执行的指令)就指向了当前光标所在的指令。

• 另一种方法是直接修改 IP 的内容为程序段第一条指令的偏移地址。

用 F7(Trace into)或 F8(为 Step over)单步执行程序段。每按一次 F7 或 F8 键，就执行一条指令。按 F7 或 F8 键直到程序段的所有指令都执行完为止，这时光标停在程序段最后一条指令的下一行上。(F7 和 F8 键的区别是：若执行的指令是 CALL 指令，F7 会单步执行进入到子程序中，而 F8 则会把子程序执行完，然后停在 CALL 指令的下一条指令处。)

② 用设置断点的方法执行程序段。

• 把光标移到程序段最后一条指令的下一行，按 F2 键设置断点。

• 用①中的方法使 IP 寄存器指向程序段的开始处。

• 按 F4 键或 F9 键运行程序段，CPU 从 IP 指针开始执行到断点位置停止。

(5) 检查各寄存器和存储单元的内容。

寄存器窗口显示在 CPU 窗口的右部，寄存器窗口中直接显示各寄存器的名字及其当前内容。在单步执行程序时可随时观察寄存器内容的变化。

存储器窗口显示在 CPU 窗口的下部，若要检查存储单元的内容，可连续按 Tab 键使存储器窗口为当前窗口，然后按 Alt-F10 组合键，弹出局部菜单。选择 Goto 项，然后输入要查看的存储单元的地址，如“DS:20H ↙”，存储器窗口就会从该地址处开始显示存储区域的内容。注意，每行显示 8 个字节单元的内容。

思考：如果要将上述程序段生成为.exe 文件，则应该如何修改该程序？

2. 堆栈操作指令实验

通过上述 MOV 指令实验，读者应该对 Turbo Debugger 的使用有比较清楚的了解。由于在 Turbo Debugger 环境下编写的程序没有经过编译、链接，亦即无法生产后缀为.exe 的可执行程序。我们编写程序的目的是要使程序能够执行。因此，从本实验开始，将不再采用上述在 TD 中直接编写程序的方法，而采用 9.1.2 节中所介绍的方法来编写汇编语言程序。

1）实验内容

用以下程序段将一组数据压入(PUSH)堆栈区，在 TD 下用 F8 或 F7 键单步运行，观察如下 3 种不同出栈方式的出栈结果，并把结果填入表 9-1 中。**要求：按照完整的汇编语言程序设计的步骤进行。**

表 9-1　出栈后数据的变化

	第一种出栈方式	第二种出栈方式	第三种出栈方式
AX=			
BX=			
CX=			
DX=			

程序段如下：

```
MOV  AX,0102H
MOV  BX,0304H
MOV  CX,0506H
MOV  DX,0708H
PUSH AX
PUSH BX
PUSH CX
PUSH DX
```

第一种出栈方式如下：

```
POP DX
POP CX
POP BX
POP AX
```

第二种出栈方式如下：

```
POP AX
POP BX
POP CX
POP DX
```

第三种出栈方式如下：

```
POP CX
POP DX
POP AX
POP BX
```

2）操作指导

首先，由于有堆栈操作指令，故需要定义堆栈段。其次，没有针对内存数据区的操作指令，所以不需要定义数据段和附加段。

源程序结构框架如下：

```
堆栈段名   SEGMENT
  STASKBUFF DB 20 DUP(?)    ;定义堆栈缓冲区大小
堆栈段名   ENDS
代码段名   SEGMENT
    ASSUME CS:代码段名,SS:堆栈段名
    ┌──────────────────────┐
    │    初始化堆栈段寄存器    │
    └──────────────────────┘
    ┌──────────────────────┐
    │        程序段         │
    └──────────────────────┘
代码段名   ENDS
    END  [标号]
```

注意：三种不同的出栈方式需要分别编写。

9.2.4 实验练习题

(1) 指出下列指令的错误并加以改正，然后在 Turbo Debugger 上进行验证。

① MOV [BX],[SI]

② MOV AH,BX

③ MOV AX,[SI][DI]

④ MOV BYTE PTR[BX],2000H

⑤ MOV CS,AX

⑥ MOV DS,2000H

(2) 将 DS:1000H 字节存储单元中的内容发送到 DS:2020H 单元中存放。试分别用 8086 的直接寻址、寄存器间接寻址、寄存器相对寻址方式，实现数据传送。

(3) 设 AX 寄存器中的内容为 1111H,BX 寄存器中的内容为 2222H,DS:0010H 单元中的内容为 3333H。将 AX 寄存器中的内容与 BX 寄存器中的内容交换,然后再将 BX 寄存器中的内容与 DS:0010H 单元中的内容进行交换。试编写程序段,并上机验证结果。

(4) 设 DS=1000H,ES=2000H,对应内存单元中的内容如图 9-12 所示。要求编写程序段,将图中所示数据段 1 个字单元的内容传送到 AX 寄存器,附加段 1 个字单元的内容传送到 BX 寄存器。

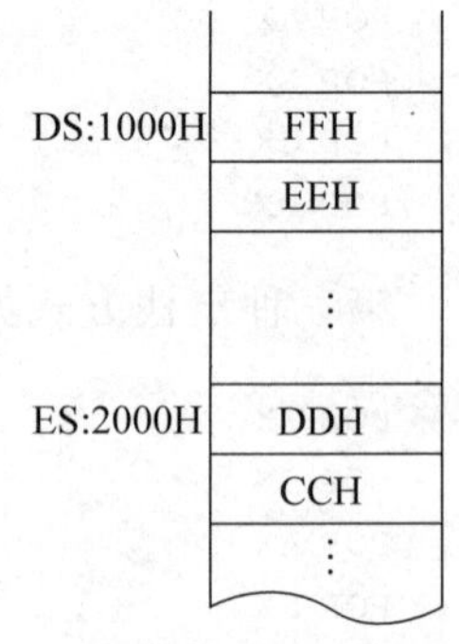

图 9-12　第 4 题图

9.2.5　实验报告要求

(1) 整理出运行正确的各题源程序段和运行结果。

(2) 完成 9.2.4 节给出的实验练习题。

9.3　算术逻辑运算及移位操作实验

9.3.1　实验目的

(1) 熟悉算术逻辑运算指令和移位指令的功能。

(2) 了解标志寄存器各标志位的意义和指令执行对它的影响。

(3) 熟悉在 PC 上建立、汇编、链接、执行和调试 8086 汇编语言程序的全过程。

9.3.2　实验预习要求

(1) 复习 8086 指令系统中的算术逻辑类指令和移位指令。

(2) 认真阅读预备知识中汇编语言上机步骤的说明,熟悉汇编程序的建立、汇编、链接、执行和调试的全过程。

9.3.3　实验任务

1. 理解指令执行及其对标志位的影响

1) 实验内容

本实验共包含 5 段程序。程序段代码如表 9-2 所示。要求:

(1) 自行定义需要的逻辑段,并分别将表 9-2 中各段程序代码填写在代码段中;

(2) 完成程序的汇编、链接,并在 TD 环境中单步执行各程序段;

(3) 观察各程序段中每条指令的执行结果(寄存器或内存单元中数据的变化)及其对标志位的影响。将每条指令执行后标志位的状态填入表 9-2 中。

注意：本实验所使用的宏汇编程序 MASM 默认直接寻址的操作数在代码段。所以，若指令中的操作数采用直接寻址方式，需要使用**段重设符**，将操作数重设到数据段中(参见表 9-2 中的程序段)。

表 9-2　程序段及结果

程序段代码	标志位					
	CF	ZF	SF	OF	PF	AF
程序段 1：	0	0	0	0	0	0
MOV　AX, 1018H						
MOV　SI, 030AH						
MOV　[SI],AX						
ADD　AL, 30H						
MOV　DX, 3FFH						
ADD　AX,DX						
MOV　DS:WORD PTR[20H], 1000H						
ADD　[SI], AX						
PUSH AX						
POP　BX						
程序段 2：	0	0	0	0	0	0
MOV　AX, 0A0AH						
ADD　AX, 0FFFFH						
MOV　CX, 0FF00H						
ADC　AX, CX						
SUB　AX, AX						
INC　AX						
OR　CX, 0FFH						
AND　CX, 0F0FH						
MOV　DS:[10H], CX						
程序段 3：	0	0	0	0	0	0
MOV　BL, 25H						
MOV　DS:BYTE PTR[10H], 4						
MOV　AL,DS:[10H]						
MUL　BL						

续表

程序段代码	标志位					
	CF	ZF	SF	OF	PF	AF
程序段 4：	0	0	0	0	0	0
MOV DS:WORD PTR[10H],80H						
MOV BL,4						
MOV AX, DS:[10H]						
DIV BL						
程序段 5：	0	0	0	0	0	0
MOV AX, 0						
DEC AX						
ADD AX, 3FFFH						
ADD AX, AX						
NOT AX						
SUB AX, 3						
OR AX, 0FBFDH						
AND AX, 0AFCFH						
SHL AX,1						
RCL AX,1						

2）操作指导

每个程序段均按以下步骤操作。

由“命令提示符”进入宏汇编程序，打开编辑器 edit(或 notepad)，定义逻辑段。汇编语言源程序框架是编写汇编语言程序的基本模式，每个汇编语言源程序的编写都离不开这个框架。本实验的程序段中，不需要定义具体的变量，但由于程序中需要将数据写入内存单元，因此需要在数据段中定义一定容量的数据区，以便于数据的写入。

注意：数据区容量的具体大小可根据需要确定。例如，若需要向地址为 20H 的单元写入 1 字节数据，则数据区至少需要包含 0020H 字节单元。可以有两种解决方法：一是定义足够大(包含 0020H)的数据段；二是借用 ORG 伪指令实现。

本实验程序框架如下：

方法一：定义足够容量的数据区

```
DSEG  SEGMENT                        ;定义数据段
  NUM   DB 1000 DUP(?)               ;定义数据区
DSEG  ENDS                           ;数据段定义结束
```

```
CSEG  SEGMENT                        ;定义代码段
      ASSUME  CS:CSEG,DS:DSEG
START:MOV  AX,DSEG
      MOV  DS,AX
          …
```

方法二：定义特点的存储空间

```
DSEG  SEGMENT                   ;定义数据段
    ORG  0010H
    NUM   DW?                   ;定义 NUM 变量的起始地址为 0010H,即按需定义 1 个字单元
DSEG  ENDS                      ;数据段定义结束
CSEG  SEGMENT                   ;定义代码段
    ASSUME  CS:CSEG,DS:DSEG
START:MOV  AX,DSEG
      MOV  DS,AX
        …
```

2. 无符号字节数求和与求乘积程序设计

编写程序实现：用 BX 寄存器作为地址指针，为 BX 赋值 0010H；将 BX 所指向的内存单元开始连续存入 3 个无符号数(10H、04H、30H)；计算内存单元中的这 3 个数之和，并将结果存放到 0013H 单元中；再求出这 3 个数之积，将乘积存放到 0014H 为首地址的单元中。写出完成此功能的程序段并上机验证结果。

9.3.4 实验练习题

(1) 写出完成下述功能的程序段。说明程序运行的最后结果 AX。

① 传送 15H 到 AL 寄存器；

② 再将 AL 的内容乘以 2；

③ 接着传送 15H 到 BL 寄存器；

④ 最后把 AL 的内容乘以 BL 的内容。

(2) 写出完成下述功能的程序段。说明程序运行后的商。

① 传送数据 2058H 到 DS:1000H 单元中，数据 12H 到 DS:1002H 单元中；

② 把 DS:1000H 单元中的数据传送到 AX 寄存器；

③ 把 AX 寄存器的内容算术右移二位；

④ 再把 AX 寄存器的内容除以 DS:1002H 字节单元中的数；

⑤ 最后把商存入字节单元 DS:1003H 中。

(3) 以下程序段用来清除数据段中从偏移地址 0010H 开始的 12 个字存储单元的内容(即将零送到这些存储单元中去)。

① 将第 4 条比较指令语句填写完整(画线处)。

```
       MOV SI,0010H
NEXT:  MOV WORD PTR[SI],0
       ADD SI,2
       CMP SI,_______
       JNE NEXT
       HLT
```

② 假定要按高地址到低地址的顺序进行清除操作（高地址从 0020H 开始），则上述程序段应如何修改？在 TD 环境下验证上述两个程序段，并检查存储单元的内容是否按要求进行了改变。

9.3.5 实验报告要求

（1）整理出运行正确的各题源程序段和运行结果。

（2）完成 9.3.4 节中的实验习题。

（3）简要说明 ADD、SUB、AND、OR 指令对标志位的影响。

（4）简要说明一般移位指令与循环移位指令之间的主要区别。

9.4 串操作实验

9.4.1 实验目的

（1）熟悉串操作指令的功能及串操作指令的使用方法。

（2）学习 8086 汇编语言程序的基本结构。

（3）熟悉在 PC 上建立、汇编、链接、执行和调试 8086 汇编语言程序的全过程。

9.4.2 实验预习要求

（1）复习 8086 指令系统中的串操作类指令。

（2）认真阅读预备知识中汇编语言上机步骤的说明，熟悉汇编程序的建立、汇编、链接、执行和调试的全过程。

（3）根据本实验的编程提示及题目要求在实验前编写好实验中的程序段。

9.4.3 编程提示

（1）定义逻辑段时，所定义的数据段或附加段的缓冲区大小及缓冲区起始地址应与实际的操作一致。例如定义如下附加段：

```
<附加段名>SEGMENT          ;定义附加段
```

```
ORG 1000H                    ;定义缓冲区从该逻辑段地址为1000H处起始
BUFFER DB 10H DUP(?)         ;定义缓冲区大小为10H个字节单元,每单元初始为随机值
<附加段名>ENDS
```

注意：在本实验中，为方便起见，可将数据段和附加段定义为重合段。

(2) 任何程序都需要定义代码段。在代码段中需要初始化所定义的除代码段寄存器之外其他段寄存器，程序代码的最后需要有正常返回DOS的指令。代码段结构如下例：

```
<代码段名>  SEGMENT                                    ;定义代码段
ASSUME CS:<代码段名>,DS:<数据段名>,ES:<附加段名>         ;说明段的属性
START:MOV AX,<数据段名>                                 ;初始段寄存器
      MOV DS,AX
      MOV AX,<附加段名>
      MOV ES,AX
      串操作的程序代码
      MOV AH,4CH                                       ;返回DOS
      INT 21H
<代码段名>  ENDS
```

注意：源程序的最后一定要有“源程序结束伪指令”：END。

9.4.4 实验任务

1. 串操作指令应用实验

按如下过程完成串操作实验。

(1) 编写汇编语言源程序结构框架。定义程序中所用串操作指令要求的数据段或附加段，并定义代码段。

(2) 在代码段中输入以下程序段并运行之，回答后面的问题。

```
CLD
MOV  DI,1000H
MOV  AX,55AAH
MOV  CX,10H
REP  STOSW
```

上述程序经汇编、链接产生可执行文件。该程序段执行后：

① 从ES:1000H开始的16个字单元的内容是什么？

② DI=？CX=？请解释其原因。

③ 若将数据段与附加段按如下方式定义为重合段，则上述代码执行后，数据段1000H起始的16个字单元内容是什么？

```
<代码段名>  SEGMENT                                              ;定义代码段
ASSUME CS:<代码段名>,DS:<数据段名>,ES:<数据段名>                ;定义重合段
START:MOV AX,<数据段名>                                         ;初始段寄存器
  MOV DS,AX
  MOV ES,AX
  …
```

(3) 在上题的基础上,在代码段中再输入以下程序段并运行,回答后面的问题。

```
MOV  SI,1000H
MOV  DI,2000H
MOV  CX,20H
REP  MOVSB
```

程序段执行后:

① 从 ES:2000H 开始的 16 个字单元的内容是什么?

② SI=? DI=? CX=? 并分析之。

(4) 在以上两题的基础上,再输入以下 3 个程序段并依次运行。

程序段 1:

```
MOV  SI,1000H
MOV  DI,2000H
MOV  CX,10H
REPZ CMPSW
```

程序段 1 执行后:

① ZF=? 根据 ZF 的状态,你认为两个串是否比较完了?

② SI=? DI=? CX=? 请分析。

程序段 2:

```
MOV  DS: WORD PTR[2008H],4455H
MOV  SI,1000H
MOV  DI,2000H
MOV  CX,10H
REPZ CMPSW
```

程序段 2 执行后:

① ZF=? 根据 ZF 的状态,你认为两个串是否比较完了?

② SI=? DI=? CX=? 请分析。

程序段 3:

```
MOV  AX,4455H
MOV  DI,2000H
MOV  CX,10H
REPNZ  SCASW
```

程序段 3 执行后：

① ZF＝？根据 ZF 的状态，你认为在串中是否找到了数据 4455H？

② SI＝？DI＝？CX＝？请分析。

2. 串传送程序设计实验

用串传送指令编写如下功能程序，并上机验证：

从 DS:1000H 开始存放有一个字符串“This is a string”，要求把这个字符串从后往前传送到 DS:2000H 开始的内存区域中(即传送结束后，从 DS:2000H 开始的内存单元的内容为“gnirts a si sihT”)，试编写程序段并上机验证。

9.4.5 调试提示

(1) 源程序编写完成后，先静态检查，若无误，则对源程序进行汇编、链接，生成可执行源程序文件。

(2) 打开 TD，调入可执行源程序文件，按 F7 键单步执行，观察每条指令的执行结果及每个程序段的最终执行结果。

9.4.6 实验报告要求

(1) 整理出运行正确的各题源程序段和运行结果，并对结果进行分析。

(2) 简要说明执行串操作指令之前应初始化哪些寄存器和标志位。

(3) 总结串操作指令的用途及使用方法。

9.5 字符及字符串的输入输出实验

9.5.1 实验目的

(1) 熟悉如何进行字符及字符串的输入和输出。

(2) 掌握简单的 DOS 系统功能调用。

(3) 熟悉在计算机上建立、汇编、链接、执行和调试 8086 汇编语言程序的全过程。

9.5.2 实验预习要求

(1) 复习系统功能调用的 1、2、9、10 号功能。

(2) 按照题目要求预先编写好实验中的程序段。

9.5.3 实验任务

1. 字符和字符串输入和输出程序设计

编写步骤如下：

(1) 编写汇编语言源程序结构框架。定义程序代码段及数据段，并初始化数据段寄存器。

(2) 在代码段中输入以下程序段，经汇编、链接后，生成可执行文件。在 TD 下用 F8 或 F7 键单步运行，执行完 INT 21H 指令时，在键盘上按“5”键。

```
MOV  AH,1
INT   21H
```

① 运行结束后，AL=？它是哪一个键的 ASCII 码？

② 重复运行以上程序段，并分别用“A”“B”“C”“D”键代替“5”键，观察运行结果有何变化？

(3) 在 DS:1000H 开始的内存区域设置如下键盘缓冲区：

```
DS:1000H  5,0,0,0,0,0,0
```

然后输入以下程序段，经汇编、链接后，在 TD 下用 F8 或 F7 键单步运行，执行 INT 21H 指令时，用键盘输入“5”“4”“3”“2”“1”、Enter 这 6 个键。

```
LEA  DX,[1000H]
MOV  AH,0AH
INT   21H
```

程序段运行完后，检查 DS:1000H 开始的内存区域：

① DS:1001H 单元的内容是什么？它表示什么含义？

② 从 DS:1002H 开始的内存区域中的内容是什么？其中是否有字符“1”的 ASCII 码？为什么？

(4) 在上述程序段基础上输入以下程序段，重新汇编、链接，之后在 DOS 下输入该可执行文件(或在 Windows 下双击该可执行文件的图标)，运行之。

```
MOV  DL,'A'
MOV  AH,2
INT   21H
```

① 观察屏幕上的输出，是否显示了“A”字符？

② 分别用“#”“X”“Y”“$”“?”代替程序段中的“A”字符，观察屏幕上的输出有何变化。

③ 分别用“0DH”“0AH”代替程序段中的“A”字符，观察屏幕上的输出有何变化。

④ 用“07H”代替程序段中的“A”字符，观察屏幕上有无输出？计算机内的扬声器是

否发出“哔”的声音？

2. 编写如下功能程序并上机验证

在屏幕上显示输出字符串“Hello, world!”，并使光标位于字符串下一行的起始处。

3. 编写如下功能程序并上机验证

按6行×16列的格式顺序显示ASCII码为20H到7FH之间的所有字符，即每16个字符为一行，共6行。每行中相邻的两个字符之间用空格字符分隔开。

> **提示：**程序段包括两层循环，内循环次数为16，每次内循环显示一个字符和一个空格字符；外循环次数为6，每个外循环显示一行字符并显示一个回车符(0DH)和一个换行符(0AH)。

9.5.4 调试提示

(1) 源程序编写完成后，先静态检查，若无误，则对源程序进行汇编、链接，生成可执行的源程序文件。

(2) 对上述实验内容，在源程序编写完成并生成可执行程序后，首先将程序在DOS下运行，观察执行结果。若结果不正确，再将程序调入TD中单步执行，找出问题。

9.5.5 实验报告要求

(1) 整理出运行正确的各题源程序段和运行结果。

(2) 回答实验中的问题。

(3) 说明系统功能调用的10号功能对键盘缓冲区格式上有何要求。

(4) 1、2、9、10号功能的输入输出参数有哪些？分别放在什么寄存器中？

(5) 总结如何实现字符及字符串的输入输出。

9.6 直线与分支程序设计实验

9.6.1 实验目的

(1) 学习应用汇编语言进行加减运算的方法。

(2) 学习提示信息的显示及键盘输入字符的方法。

(3) 掌握直线和分支程序的设计方法。

9.6.2 实验预习要求

（1）认真阅读编程提示及字符与字符串的输入输出方法。

（2）理解直线程序是顺序结构程序。

（3）根据本实验的编程提示和程序框架预先编写汇编语言源程序。

9.6.3 实验内容

1. 直线程序设计

（1）在 NUM 变量中定义了 5 个无符号字节数据 U、V、W、X、Y，再定义字节变量 Z。编写程序计算 Z=(U+V－W＊X)/Y，并将结果输出显示在屏幕上。程序流程如图 9-13 所示。实验数据分别是：U=09H，V=16H，W=02H，X=03H，Y=05H。

（2）若将上述 5 个字节数修改为：U=70，V=23，W=42，X=17，Y=41。重新运行，观察出现的现象并解释。

编程提示：

（1）无符号数和有符号数的乘、除运算指令不同。

（2）两个字节数相乘，运算结果为 16 位，则存放于 AX 中；两个字操作数相乘，结果是 32 位数，则存放在 DX:AX 中。

（3）除法运算中，若除数是字节数，被除数必须是 AX，商在 AL 中，余数在 AH 中；若除数是 16 位数，被除数是 DX:AX，商在 AX，余数在 DX 中。

（4）在屏幕上显示的任何数字和字符，都需要转换为 ASCII 码。本实验的显示输出需要调用 DOS 功能中的单字符输出功能。

（5）程序结束时应正常返回 DOS（请注意返回方式，可参见主教材中相关内容）。

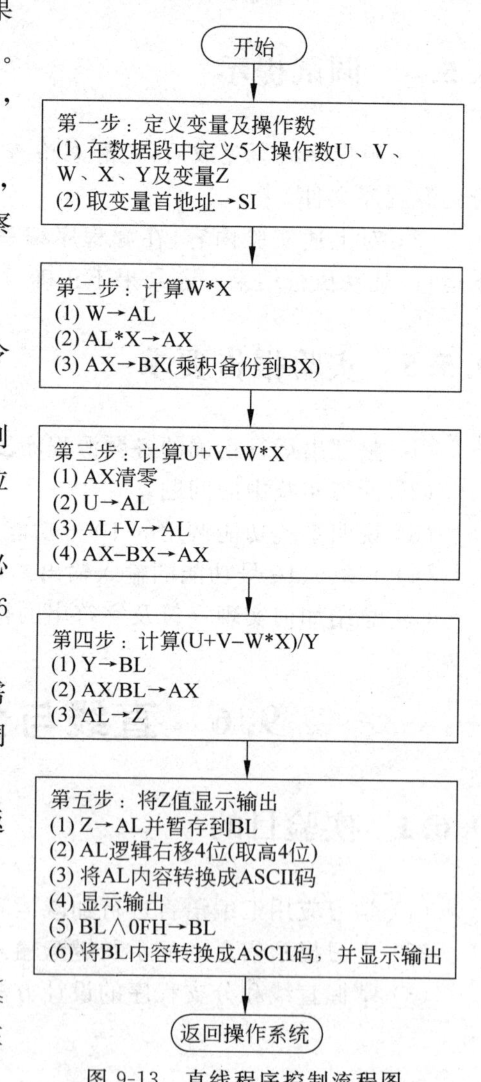

图 9-13 直线程序控制流程图

2. 分支程序设计

从键盘输入一个十进制正整数 N($10\leqslant N\leqslant 99$)，将其转换成十六进制数，转换的结果显示在屏幕上。

注意：键盘输入的内容都是 ASCII 码形式。

编程提示：

(1) 程序流程如图 9-14 所示。其中，“显示结果”处理框可编写成子程序，其流程如图 9-15 所示。

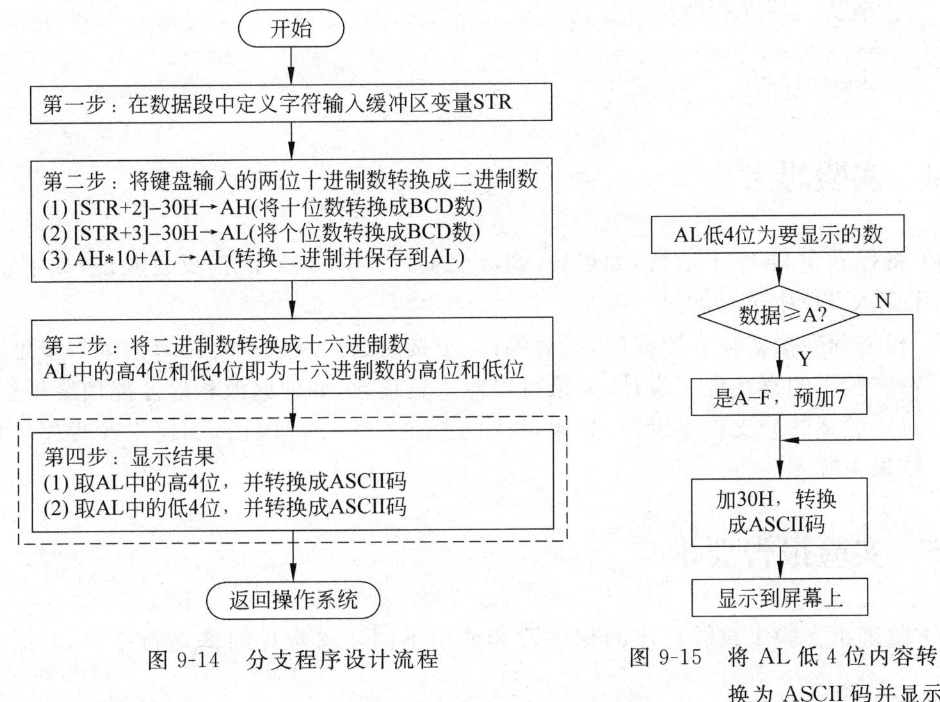

图 9-14　分支程序设计流程

图 9-15　将 AL 低 4 位内容转换为 ASCII 码并显示

(2) 字符'0'～'9'的 ASCII 码是 30H～39H，即在数值 0～9 的基础上加 30H；字符'A'～'F'的 ASCII 码是 41H～46H，即在数值 A～F 的基础上加 37H。

(3) 程序框架。

```
DSEG   SEGMENT
STR    DB  3, 0, 3 DUP(?)
MES    DB  'Input a decimal number(10~99):', 0AH, 0DH, '$'
MES1   DB  0AH, 0DH,'Show decimal number as hex: $'
DSEG   ENDS
CSEG   SEGMENT
       ASSUME  CS:CSEG, DS:DSEG
START:MOV  AX,DSEG
       MOV  DS,AX
      显示字符串:'Input a decimal number(10~99):'
      从键盘输入一个两位的十进制数(ASCII 码形式)
      将十进制数转换成十六进制数(第一、二步)
```

```
        显示字符串:'Show decimal number as hex:'
        显示转换后的十六进制数(第三、四步)
KEY:  MOV  AH,1         ; 判断是否有按键按下？
      INT  16H          ; (为观察结果,并使程序有控制地退出)
      JZ   KEY          ; (注:这三条指令可以省略)
        返回 OS 的指令序列
CSEG  ENDS
      END  START
```

9.6.4 实验思考

(1) 将程序在 DOS 下运行,如正确,则改变 U,V,W,X,Y 的值反复验证;如不正确,则将程序调入 TD 中进行调试。

(2) 根据程序框架输入源程序,然后编译、链接、执行,观察执行结果。进一步思考:

- 对实验 1 的直线程序设计,如果可以输入负整数,如何修改程序才能使结果正确?
- 对实验 2 的分支程序设计,如果输入的数在 0～99 范围内,如何修改程序才能使结果正确?

9.6.5 实验报告要求

(1) 整理出实验 1 直线程序的程序段和使用不同实验数据时的运行结果,对结果进行解释。

(2) 简要说明汇编语言程序设计的步骤、每个步骤使用哪种软件工具及生成什么类型的文件。

9.7 循环程序设计实验

9.7.1 实验目的

(1) 学习提示信息的显示及键盘输入字符的方法。

(2) 掌握循环程序的设计方法。

9.7.2 实验预习要求

(1) 复习比较指令、转移指令、循环指令的用法。

(2) 认真阅读编程提示及字符与字符串的输入和输出方法。

(3) 根据编程提示,编写出汇编语言源程序。

（4）复习循环程序结构及构成循环程序的方法。

9.7.3 实验内容

以完整程序结构编写实现下述功能的汇编语言程序。

（1）在屏幕上显示提示信息“Please input 10 numbers：”。

（2）根据提示，由键盘输入 10 个数（数的范围为 0～99）。

（3）将输入的这 10 个数从小到大进行排序，并统计 0～59、60～79、80～99 的数各有多少。

（4）将排序后的 10 个数显示到屏幕上（每个数之间用逗号分隔），并显示统计的结果。显示格式如下：

```
Sorted numbers: xx,xx,xx,xx,xx,xx,xx,xx,xx,xx
0-59: xx
60-79: xx
80-99: xx
```

9.7.4 编程提示

1. 提示信息的显示

提示信息需预先定义在数据段中，用 DB 伪指令定义。字符串前后加单引号，结尾必须用美元符'$'作为字符串的结束。若希望提示信息显示后光标能在下一行的起始位置显示，应在字符串后加回车和换行符。然后将此提示信息的偏移地址送 DX 中，用 9 号系统功能调用即可。程序段举例如下。

数据段中：

```
MESSAGE  DB  'Please input 10 numbers:',0DH,0AH,'$'
```

程序段中：

```
MOV  DX,OFFSET MESSAGE      ;或 LEA  DX, MESSAGE
MOV  AH,9
INT  21H
```

2. 接收键入的字符串

字符串输入可用 DOS 功能调用的 0AH 号功能。

注意：调用字符串输入功能前，需要首先在数据段定义键盘输入缓冲区。缓冲区大小可根据具体需要确定。如果输入的字符数超过所定义的键盘缓冲区所能保存的最大字符数，0AH 号功能将拒绝接收多出的字符。输入结束时的回车键也作为一个字符（0DH）放入缓冲区，因此设置的缓冲区大小应比希望输入的字符个数多一个字节。

键盘输入缓冲区的定义方法有如下两种(假定最多输入 9 个字符)。

(1) 在数据段中定义:

```
KB_BUF  DB  10, ?, 10 DUP(?)
```

(2) 也可以在数据段中将上述键盘缓冲区定义为:

```
KB_BUF  DB 10                       ;定义可接收最大字符数(包括回车键)
ACTLEN  DB  ?                       ;实际输入的字符数
BUFFER  DB 10 DUP(?)                ;存放输入字符的区域
```

3. 宏指令的定义与调用

在显示提示信息和输入数据后,都需要用到回车换行。这里用一个宏指令 CRLF 来实现。注意,宏指令 CRLF 中又调用了另外一个带参数的宏指令 CALLDOS。宏指令一般定义在程序的最前面。

宏定义如下:

```
CALLDOS MACRO FUNCTION              ;定义宏指令 CALLDOS
        MOV  AH, FUNCTION
        INT  21H
        ENDM                        ;宏定义结束
CRLF  MACRO                         ;定义宏指令 CRLF
        MOV  DL,0DH                 ;回车
        CALLDOS 2                   ;2 号功能调用用于显示 DL 中的字符
        MOV  DL,0AH                 ;换行
        CALLDOS 2
        ENDM                        ;宏定义结束
```

CRLF 宏指令用 2 号 DOS 功能调用(显示一个字符)显示回车符与换行符的方法来实现回车换行。2 号 DOS 功能在显示回车符与换行符时实际上只是把光标移到下一行的开始,而并非把 0DH 和 0AH 显示在屏幕上。

宏调用:在程序中凡是需要进行回车换行的地方只要把 CRLF 看成是一条无操作数指令直接使用即可。在程序中若要使用 CALLDOS 宏指令,需要在 CALLDOS 宏指令后带上一个实参,该实参为 DOS 功能调用的功能号。

4. 其他注意点

(1) 为了便于排序和统计,从键盘输入的数据可先转换成二进制数存储(转换方法参见本书 9.6 节实验中的相关介绍),在最后显示结果前再把数据转换成 ASCII 码。

(2) 对数据进行排序的程序段请参考主教材中的例 4-20。但要注意本题目的要求是**从小到大**进行排序,而主教材中的例子是**从大到小**进行排序。

(3) 对数据进行统计的程序段请参考主教材中的例 4-19。

5. 循环程序参考流程

循环程序流程图如图 9-16 所示。

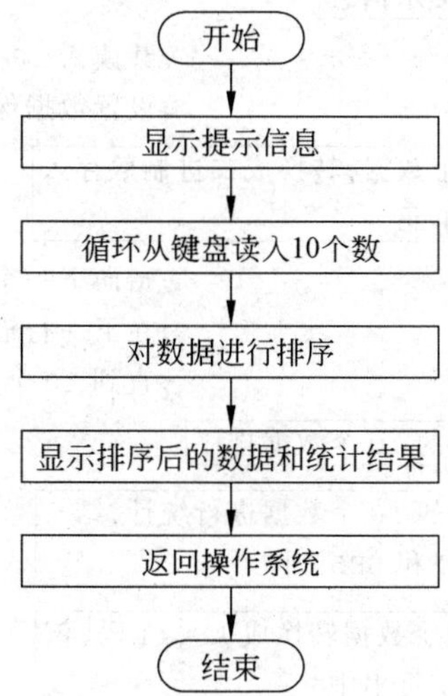

图 9-16　循环程序设计实验程序流程图

6. 程序框架

```
| 编程提示中介绍的宏 CALLDOS 和 CRLF 放在此处 |
DATA      SEGMENT                          ;定义数据段
;提示信息字符串
MESSAGE   DB   'Please input 10 numbers:',0DH,0AH,'$'
;键盘缓冲区
KB_BUF    DB   3                           ;定义可接收最大字符数(包括回车键)
ACTLEN    DB   ?                           ;实际输入的字符数
BUFFER    DB   3  DUP(?)                   ;输入的字符放在此区域中
;数据及统计结果
NUMBERS   DB   10 DUP(?)                   ;键入的数据转换成二进制后放在此处
LE59      DB   0                           ;0~59 的个数
GE60      DB   0                           ;60~79 的个数
GE80      DB   0                           ;80~99 的个数
;显示结果的字符串
SORTSTR   DB   'Sorted numbers:'
SORTNUM   DB   10 DUP(20H,20H,','),0DH,0AH
MESS00    DB   ' 0-59:',30H,30H,0DH,0AH
MESS60    DB   '60-79:',30H,30H,0DH,0AH
MESS80    DB   '80-99:',30H,30H,0DH,0AH,'$'
DATA      ENDS                             ;数据段结束
;
CODE      SEGMENT                          ;定义代码段
```

```
          ASSUME  CS:CODE,DS:DATA
START:    MOV  AX,DATA
          MOV  DS,AX
          ┌─────────────────────────┐
          │1.显示 MESSAGE 提示信息  │
          └─────────────────────────┘
          MOV  CX,10                        ;共读入 10 个数据
          LEA  DI,NUMBERS                   ;设置数据保存区指针
LP1:      ┌──────────────────────────────────────────┐
          │2.从键盘读入一个数据,转换成二进制数存入   │
          │DI 所指向的内存单元                        │
          └──────────────────────────────────────────┘
          INC  DI                           ;指向下一个数据单元
          CRLF                              ;在下一行输入
          LOOP LP1                          ;直到 10 个数据都输入完
          ┌──────────────────────────────┐
          │3.对 NUMBERS 中的 10 个数据排序│
          └──────────────────────────────┘
          ┌──────────────────────────────────────────┐
          │4.对 NUMBERS 中的 10 个数据进行统计,结    │
          │果放在 GE80、GE60 和 LE59 中               │
          └──────────────────────────────────────────┘
          ┌──────────────────────────────────────────┐
          │5.把排序后的 10 个数据转换成 ASCII 码,依  │
          │次存入 SORTNUM 字符串中                    │
          └──────────────────────────────────────────┘
          ┌──────────────────────────────────────────┐
          │6.把 GE80、GE60 和 LE59 中的统计结果转换成│
          │ASCII 码,存入 MESS80、MESS60 和 MESS00 字 │
          │符串中                                     │
          └──────────────────────────────────────────┘
          LEA  DX, SORTSTR                  ;显示排序和统计的结果
          MOV  AH,9
          INT  21H
          MOV  AH,4CH                       ;返回 DOS
          INT  21H
    CODE  ENDS                              ;代码段结束
          END  START                        ;程序结束
```

9.7.5 实验习题

(1) 从键盘输入任意一个字符串,统计其中不同字符出现的次数(不分大小写),并把结果显示在屏幕上。

(2) 从键盘分别输入两个字符串,若第二个字符串包含在第一个字符串中则显示'MATCH',否则显示'NO MATCH'。

9.7.6 实验报告要求

(1) 整理出实现程序框架中方框 1 到方框 6 中的程序段。

(2) 总结编制分支程序和循环程序的要点。

(3) (选做)在实验习题 1 和实验习题 2 中任选一个,编写程序并上机验证。

*9.8 综合程序设计实验

9.8.1 实验目的

(1) 掌握子程序设计的基本方法,包括子程序的定义、调用和返回,子程序中如何保护和恢复现场,主程序与子程序之间如何传送参数。

(2) 学习如何进行数据转换和计算机中日期时间的处理方法。

(3) 了解在程序设计中如何用查表法来解决特殊的问题。

9.8.2 实验预习要求

(1) 复习主教材中关于子程序的内容。

(2) 预习编程提示中的内容。

(3) 按照题目要求在实验前编写好实验中的程序段。

(4) 复习主教材中有关子程序的介绍、定义和调用方法。

9.8.3 实验内容

编写一个程序,在屏幕上实时地显示日期和时间(例如:2003-4-26 15:32:58 显示为 3:32 P.M.,Saturday, April 26, 2003),直到任意一个键被按下才退出程序。程序编好后进行汇编、链接和运行,若有错误则用 td.exe 调试,直到能够正确运行为止。

9.8.4 程序控制流程

程序设计流程如图 9-17 所示。

9.8.5 编程程序

(1) 获取当前时间可用 DOS 中断 INT 21H 的 2CH 号功能调用:

```
MOV  AH,2CH
INT  21H
```

此功能调用的出口参数为:

CH=小时数(二进制数表示的 0~23)

CL=分钟数(二进制数表示的 0~59)

DH=秒数(二进制数表示的 0~59)

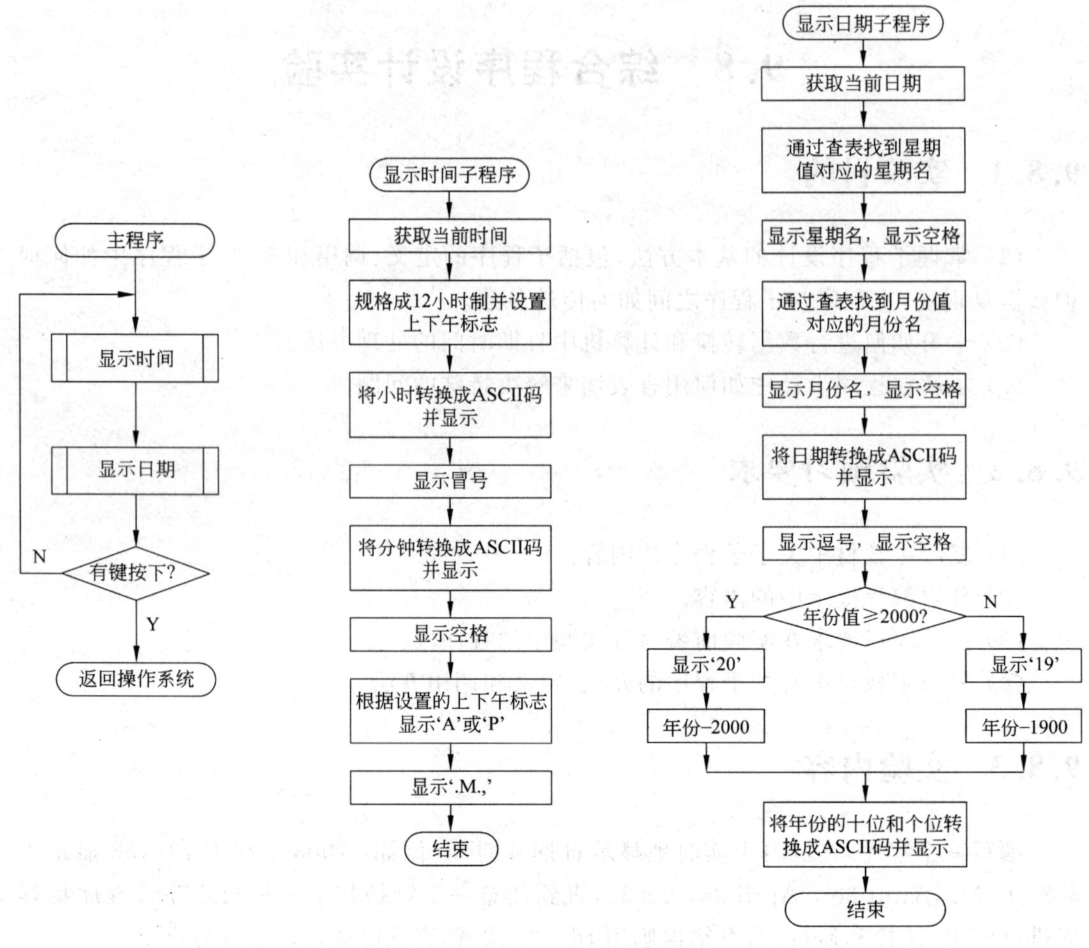

图 9-17　综合程序设计流程图

DL＝百分之一秒数(二进制数表示的 0～99)

(2) 获取当前日期可用 DOS 中断 INT 21H 的 2AH 号功能调用:

```
MOV  AH,2AH
INT  21H
```

此功能调用的出口参数为:

AL＝星期值(0～6,星期日＝0,…,星期六＝6)

CX＝年份值(二进制数表示的 1980—2099)

DH＝月份值(二进制数表示的 1—12)

DL＝日期值(二进制数表示的 1—31)

(3) 将星期和月份转换成星期和月份的英文名字串,使用查表法实现。其基本思想是:在数据段中定义星期和月份的英文名字串,并把星期和月份字符串的首地址放到指针数组中,每个首地址占 2 字节。在需要得到某个星期或月份名字串的首地址时,以指针数组的首地址为基地址,用星期或月份数为索引(相对于基地址的位移量)即可从指针数组中取得该名字串的首地址。

(4) 把小时、分钟、日期以及年份的后 2 位转换成 ASCII 码,都需要先把二进制数转换成 BCD 数。而把小于等于 99 的二进制数转换成 BCD 数有一个简单的方法,即用 AAM 指令。AAM 指令的操作是把 AL 中的内容除 10(0AH),商送 AH,余数送 AL,这个操作正好与二进制数转十进制数的算法相同。所以凡是小于等于 99 的二-十进制转换只要用一条 AAM 指令即可实现(要转换的数在 AL 中)。

(5) 测试有无键按下可用 DOS 中断 INT 21H 的 06H 号功能调用:

```
MOV   AH,06H
MOV   DL,0FFH
INT   21H
```

此功能调用的出口参数为:若 ZF=1 表示没有键按下,ZF=0 表示有某个键被按下。

9.8.6 程序框架

本程序按以下方式显示时间和日期:

```
    3:32 P.M.,Saturday April 26, 2003
;显示字符的宏定义
DISP  MACRO  CHAR
      PUSH   AX                    ;保存 DX 和 AX
      PUSH   DX
      MOV    DL, CHAR              ;显示字符
      MOV    AH, 2
      INT    21H
      POP    DX
      POP    AX
      ENDM
;
DATA  SEGMENT                      ;数据段开始
;星期名指针表
D_TAB DW     SUN,MON,TUE,WED,THU,FRI,SAT
;月份名指针表
M_TAB DW     JAN,FEB,MAR,APR,MAY,JUN,JUL,AUG,SEP,OCT,NOV,DCE
;星期名字符串
SUN   DB     'Sunday$'
MON   DB     'Monday$'
TUE   DB     'Tuesday$'
WED   DB     'Wednesday$'
THU   DB     'Thursday$'
FRI   DB     'Friday$'
SAT   DB     'Saturday$'
;月份名字符串
JAN   DB     'January$'
```

```
FEB    DB      'February$'
MAR    DB      'March$'
APR    DB      'April$'
MAY    DB      'May$'
JUN    DB      'June$'
JUL    DB      'July$'
AUG    DB      'August$'
SEP    DB      'September$'
OCT    DB      'October$'
NOV    DB      'November$'
DCE    DB      'December$'
TMT    DB      '.M.,$'
SPACE =        20H                    ;空格字符
DATA   ENDS                           ;数据段结束
;
CODE   SEGMENT                        ;代码段开始
       ASSUME  CS:CODE, DS:DATA
START:MOV      AX, DATA
       MOV     DS, AX
LLL:   CALL    TIMES                  ;显示时间
       CALL    DATES                  ;显示日期
       DISP    0DH                    ;回车
       DISP    0AH                    ;换行
       MOV     AH,06H
       MOV     DL, 0FFH
       INT     21H                    ;检查是否有键按下
       JE      LLL                    ;若没有,则循环显示
       MOV     AH, 4CH                ;若有键按下则退回 DOS
       INT     21H
;显示时间的子程序
TIMES PROC NEAR
       1. 根据显示时间子程序的流程图编制的程序段放在此处
TIMES ENDP
;显示日期的子程序
DATES PROC    NEAR
       2. 根据显示日期子程序的流程图编制的程序段放在此处
DATES ENDP
CODE   ENDS                           ;代码段结束
       END     START
```

9.8.7 实验报告要求

(1) 整理出实现程序框架中方框 1 和方框 2 的子程序。

(2) 总结编制子程序的要点。

第10章　硬件仿真实验

10.1　仿真实验平台简介

硬件仿真实验平台采用英国 Labcenter 公司开发的 Proteus 电路分析与实物仿真及印制电路板设计软件。该软件包括原理图设计及交互仿真(ISIS)和印制电路板设计(ARES)两个软件模块。本实验指导书仅涉及 Proteus ISIS 原理图设计及交互仿真模块，软件版本为 Proteus 7.10。(**注**：Proteus 7.5 及其以后的版本均支持 8086 CPU 仿真)。

Proteus ISIS 提供的 Proteus VSM(Virtual System Modeling)将虚拟仪器、高级图表应用、CPU 仿真和第三方软件开发与调试环境有机结合，在搭建硬件模型之前即可在计算机上完成原理图设计、电路分析，以及程序代码实时仿真、测试及验证。

10.1.1　仿真操作界面

安装 Proteus 软件后，桌面上会建立 ISIS 和 ARES 两个图标(本实验仅使用 ISIS)。双击 ISIS 图标或单击“开始”→“程序”→Proteus 7 Professional→ISIS 7 Professional，启动 Proteus ISIS。

启动后的 Proteus ISIS 工作界面如图 10-1 所示。其中：

- 原理图编辑窗口：用于编辑电路原理图(放置元器件和进行元器件之间的连线)。
- 预览窗口：用于显示原理图缩略图或预览选中的元器件。
- 编辑模式工具栏：用于选择原理图编辑窗口的编辑模式。
- 旋转镜像工具栏：用于对原理图编辑窗口中选中的对象进行旋转、镜像等操作。
- 元器件选择按钮：用于在元器件库中选择所需的元器件，并将选择的元器件放入元器件选择窗口中。
- 元器件选择窗口：用于显示并选择从元器件库中挑选出来的元器件。
- 仿真控制按钮：用于控制实时交互式仿真的启动、前进、暂停和停止。

Proteus ISIS 工作界面中的菜单、工具栏、命令按钮等均符合 Windows 标准，很容易理解和掌握。以下仅简单介绍 Proteus ISIS 中与原理图编辑密切相关的编辑模式工具栏各按钮的功能。

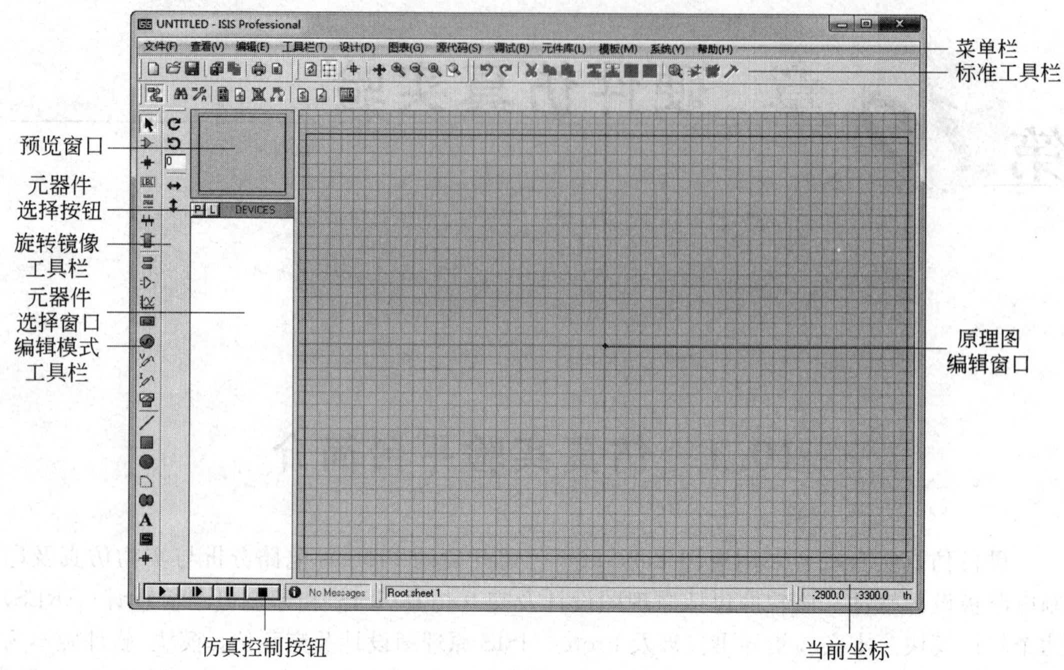

图 10-1 Proteus ISIS 工作界面

> **注意**：若想知道工具栏中某个按钮的功能，一个简单的方法是将鼠标指针指向该按钮并停留约 1 秒钟，鼠标指针旁边就会弹出一个标签，显示鼠标所指向按钮的功能。

表 10-1 列出了编辑模式工具栏中各按钮的功能。这些按钮被划分到 3 个子工具栏中。

- 主模式工具栏：其中的工具按钮主要用于原理图的全局编辑。
- 部件模式工具栏：其中的工具按钮主要用于原理图中某个对象的编辑。
- 二维图形模式工具栏：其中的工具按钮主要用于编辑原理图中的图形。

表 10-1 编辑模式工具栏中各按钮的功能

子工具栏	按钮	功能及说明
主模式		选择模式：即时编辑任意选中的元器件
		元件模式：选择元器件
		结点模式：在原理图中放置连接点
		连线标号模式：在原理图中放置或编辑连线标签
		文本脚本模式：在原理图中输入新的文本或编辑已有文本
		总线绘制模式：在原理图中绘制总线
		子电路模式：在原理图中放置子电路或放置子电路元器件

续表

子工具栏	按钮	功能及说明
部件模式		终端模式：在元器件选择窗口中列出7类终端（包括默认、输入、输出、双向、电源、接地、总线）以供绘制原理图时选择
		元件引脚模式：在元器件选择窗口中列出6种常用元器件引脚（包括默认、反向、正时钟、负时钟、总线等）以供绘制原理图时选择
		图表模式：在元器件选择窗口中列出13种仿真分析图表（包括模拟、数字、混合、频率、传递、失真、傅里叶变换等）以供选择
		录音机模式：对原理图进行分步仿真时，用于记录前一步仿真的输出，并作为下一步仿真的输入
		激励源模式：在元器件选择窗口中列出14种模拟或数字激励源（激励源类型包括直流、正弦、时钟脉冲、指数等）以供选择
		电压探针模式：在原理图中添加电压探针，用来记录该探针处的电压值。可记录模拟或数字电压的逻辑值和时长
		电流探针模式：在原理图中添加电流探针，用来记录该探针处的电流值。只能记录模拟电路的电流值
		虚拟仪器模式：在元器件选择窗口中列出12种常用的虚拟仪器（包括示波器、逻辑分析仪、定时计数器、电压表、电流表等）
二维图形模式		2D连线模式：在元器件选择窗口中列出各种连线以供画线时选择
		2D图形框模式：用于在原理图上画方框
		2D圆形模式：用于在原理图上画圆
		2D弧线模式：用于在原理图上画圆弧
		2D闭合路径模式：用于在原理图上画任意闭合图形
	A	2D文本模式：用于在原理图上标注各种文字
		2D符号模式：用于选择各种元器件的外形符号
		2D标记模式：在元器件选择窗口中列出各种标记，用于创建或编辑元器件、符号和终端引脚时建立文本或图形标记

除了用编辑模式工具栏来选择编辑模式外，也可以在选择模式下（原理图编辑窗口中的鼠标指针为箭头形状时）右击，选择“放置”，在出现的级联菜单中选择编辑模式，如图10-2所示。

除以上各种工具外，为方便原理图的编辑操作，Proteus ISIS提供了两种系统可视化工具：对象选择框和智能鼠标指针。

（1）对象选择框：它是围绕对象的虚线框，当鼠标掠过元器件、符号、图形等对象时，将出现环绕对象的红色虚线框，如图10-3所示。当出现对象选择框时，单击即可对此元件进行操作。

（2）智能鼠标指针：编辑原理图时，鼠标对当前操作具有智能识别功能，鼠标会根据功能改变显示的外观样式。常见的鼠标指针外观样式介绍如下。

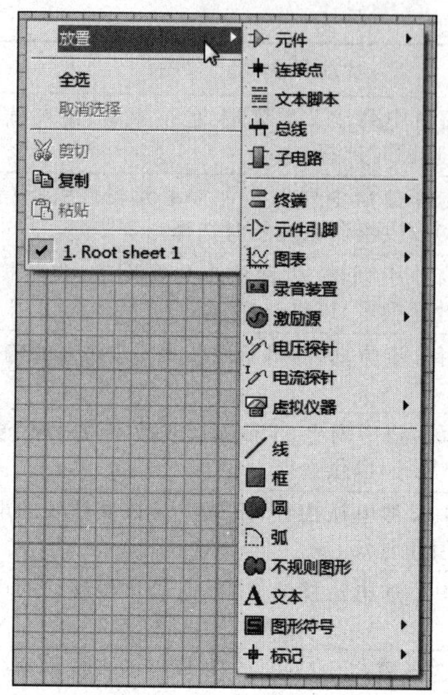

图 10-2　使用右键菜单来选择编辑模式

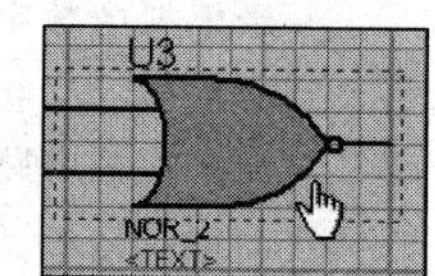

图 10-3　对象选择框

默认指针。用于选择操作模式。

放置指针。外形为一支无色的笔。单击它并将元器件轮廓拖动到合适的位置，再次单击即可将在元器件选择窗口中选中的对象放置在当前位置。

“热”画线指针。外形为一支绿色的笔，当指针移动到元器件引脚端点上时，单击并开始在元器件引脚之间画线。画至终点时，双击可结束画线。

“热”画总线指针。外形为一支蓝色的笔，仅当绘制总线时出现。当指针移动到已画好的总线上时，单击并开始延伸已画的总线。画至终点时，双击可结束画延伸总线。

线段拖动指针。此光标样式出现在线段上。出现此光标时，按住鼠标左键并拖动鼠标，即可将线段移动到期望的位置。

当对象上出现此光标时，单击鼠标左键，对象即被选中。

对象拖动指针。当对象上出现此光标时，按住鼠标左键并拖动鼠标，即可将对象移动到期望的位置。

添加属性指针。单击即可为对象添加属性(选择菜单“工具栏”→“属性设置工具”后，光标移动到对象上时将出现此光标样式)。

10.1.2　电路原理图绘制指南

1. 鼠标使用规则

在 ISIS 的原理图编辑窗口中，鼠标的操作与常见 Windows 应用程序的使用方式略有不同。ISIS 中鼠标使用的一般规则如下。

1）左键功能

单击空白处——放置元器件。

单击未选中的对象——选择对象。

单击已选中的对象——编辑对象属性或连线风格。

双击对象——同单击已选中的对象，编辑对象属性或连线风格。

拖曳已选中的对象——移动对象位置。

2）右键功能

单击空白处——弹出元器件放置菜单。

单击对象——弹出对象操作菜单。

双击对象——删除对象。

拖曳——框选一个或多个对象。

3）其他

转动滚轮——放大或缩小编辑窗口。

单击中键——拖动编辑窗口。

2. 选取元器件

Proteus ISIS提供了一个包含有8000多个元器件的元件库，包括标准符号、晶体管、TTL和CMOS逻辑电路、微处理器和存储器件、各种开关和显示器件等。需要注意的是，并非元件库中的所有元器件都支持VSM仿真，所以在进行交互式仿真时，应选择那些支持VSM仿真的元器件。一般来说，通用逻辑电路元件的选取规则是：如果只是进行交互式仿真，而不进行电路板布线，则尽量在仿真器件(modeling primitives)中选择元件，如果仿真器件中没有所需的元件，可选择TTL74系列或CMOS 4000系列逻辑电路。

Proteus ISIS从元件库查找并选取元件的步骤如下。

1）打开元件选取(pick devices)窗口

单击编辑模式工具栏上的元件模式按钮(或单击主模式子工具栏上的其他按钮)，按以下任意一种方法打开元件库，选取所需元件。

方法1：单击元器件选择按钮(“P”按钮 P)。

方法2：右击原理图编辑窗口的空白处，在弹出的快捷菜单中选择“放置”→“元件”→From Libraries，如图10-4所示。

打开的元件选取窗口如图10-5所示。

2）查找所需的元件

如果已知元件类别，则直接单击窗口左边的元件类别、子类别、制造商。也可在左上角的“关键字”区域中输入元件类别，例如要查找TTL 74系列集成电路，则输入TTL 74。

如果已知元件名，则在左上角的关键字区域中输入元件名，例如要查找8086微处理器，则输入8086。

查找结果会在中间的结果窗口中列出。

3）选取元件

在查找结果列表中双击所需的元件，该元件就会被选取并放入ISIS工作界面的元器

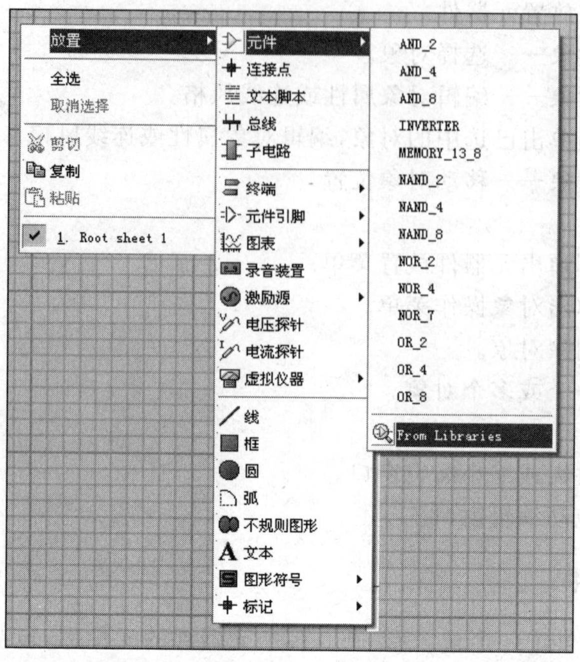

图 10-4　使用右键快捷菜单打开元件选取窗口

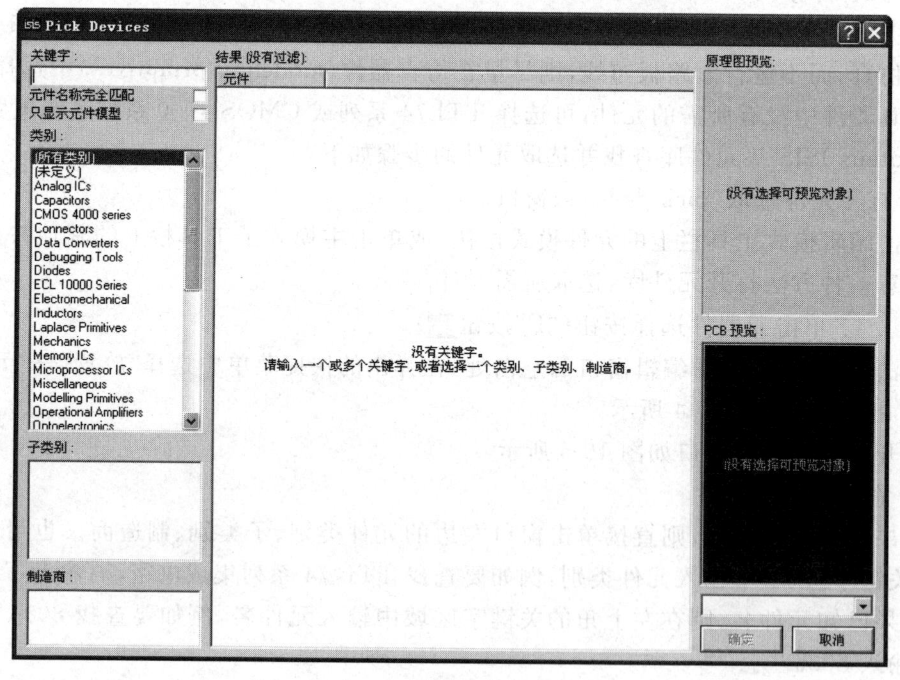

图 10-5　元件选取窗口

件选择窗口中备用。

一般来说，在画原理图前，应按照以上方法将所需的元器件全部选取出来。

注意：Proteus ISIS 中的与、或、非等逻辑门器件的图形符号采用了 ANSI/IEEE 91—1984 标准，而中国国家标准则采用了与 IEC 60617-12—1997 标准相同的图形符号。二者的对应标准如表 10-2 所示。

表 10-2　ISIS 中逻辑电路符号与国家标准逻辑电路符号对照表

逻辑门名称	ISIS 中的图形符号	国家标准图形符号
与门		&
与非门		&
或门		≥1
或非门		≥1
非门		1

3. 电路原理图绘制

下面以图 10-6 所示的最小 8086 系统为例，简要介绍在 Proteus ISIS 中创建仿真电路设计原理图的基本步骤。

1）创建仿真电路原理图设计文件

启动 Proteus ISIS 后，系统就会自动建立一个空白的原理图设计文件（原理图设计文件的扩展名为 dsn），选择菜单栏上的“文件”→“保存设计”（或直接单击标准工具栏上的“保存设计”按钮），在弹出的窗口中选择文件夹，然后输入文件名保存。

注意：每次实验请及时将原理图设计文件备份到自己的 U 盘中，以免丢失。

2）添加元件到元器件选择窗口

图 10-6 所示电路用到的元件见表 10-3。按“选取元器件”中介绍的方法将本例中所需的元件从元器件库中选取到元器件选择窗口。

注意：选取时先要单击编辑模式工具栏上的“元件模式”按钮（或单击主模式子工具栏上的其他按钮）。

3）放置元件到原理图编辑窗口

首先单击编辑模式工具栏上的“元件模式”按钮，使元器件选择窗口中显示出前一步选取出来的元件。

然后放置 8086 微处理器。在元器件选择窗口中单击 8086，并在编辑窗口中单击，这时编辑窗口中就会出现8086的虚影，将其拖曳到合适的位置再单击即可放置8086微处理器。

依照上述方法，按照图10-6依次在编辑窗口中放置非门、或门、触发器、7段数码管、电阻等元件。

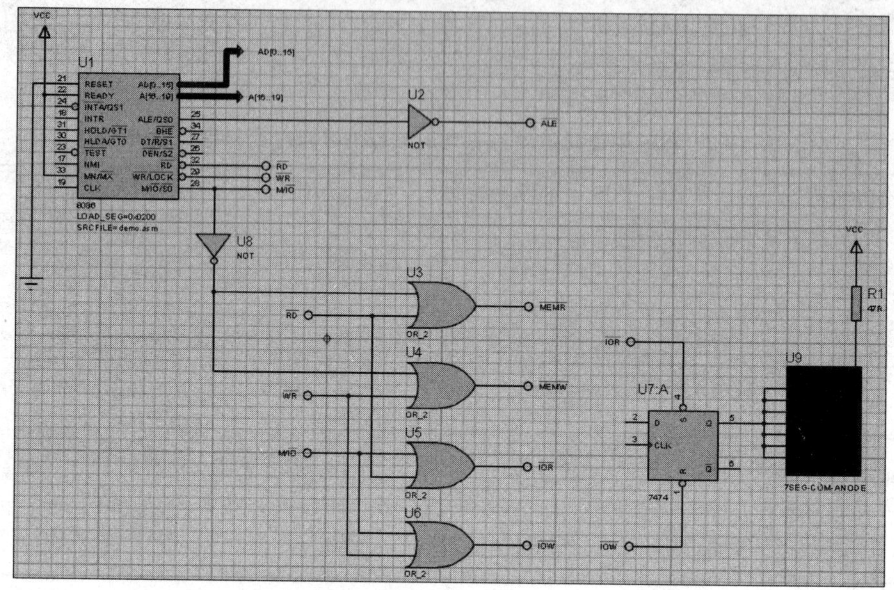

图10-6　8086最小系统电路原理图

表10-3　图10-6原理图中的元件清单

元件名称	所属类别	元件功能
8086	Microprocessor Ics	微处理器
NOT	Simulator Primitives	非门
OR_2	Modeling Primitives	2输入或门
7474	TTL 74 serials	D触发器
RES	Modeling Primitives	电阻(在属性窗口中将阻值改为47Ω)
7SEG-COM-ANODE	Optoelectronics	7段数码管

注意：元件放置的方向和位置在绘图过程中还可以调整，开始时可以先粗略地放置到差不多的位置上。

4）调整元器件方向

绘制原理图时，可能需要改变元器件的放置方向或对元器件进行镜像翻转。旋转或镜像翻转有两种方法。

方法1：在编辑窗口中放置元器件前先进行旋转或镜像，即在元器件选择窗口中单击所需的元件后，接着单击旋转镜像工具栏中相应的旋转或镜像按钮(可在预览窗口中观察效果)，然后在编辑窗口中单击放置元件。

方法2：在编辑窗口中放置元器件后再进行旋转或镜像，即放置元器件时先不考虑元件方向，放置后右击元件，在弹出的快捷菜单中选择旋转或镜像选项（也可直接用数字小键盘上的＋、－键进行旋转操作）。

5）移动元器件位置

步骤如下。

（1）选择要移动的元件：先单击“选择模式”按钮，再单击元件，选中的元件会变为红色；也可按住鼠标左键拖曳，使元件包围在拖曳出的方框中进行框选（此方法可选择多个元件）。

（2）移动选中的元件：元件选中后，光标变为具有十字方向箭头的手形，按住鼠标左键即可移动元件。移到合适位置处后，在编辑窗口的空白处单击即可撤销元件的选中状态。

6）编辑元件属性

元件可能还需要修改其元件值，如电阻值、电容值、电压值等。这可以通过编辑元件属性实现。编辑元件属性的方法如下。

在编辑窗口中右击选中的元件，在弹出的快捷菜单中选择“编辑属性”，弹出“编辑元件属性”对话框。图 10-6 中电阻 R1 的“编辑元件属性”对话框如图 10-7 所示。注意，不同元件其对话框中的属性名称和数目有所不同，但“元件标注”属性在所有元件的编辑属性对话框中都会出现（有的属性对话框中显示为“标注”或“标号”）。

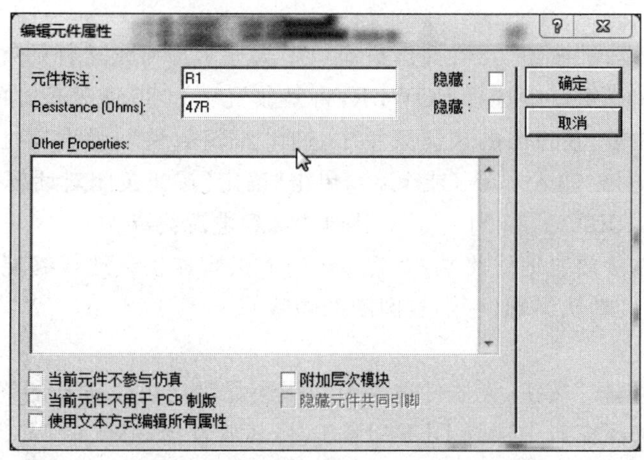

图 10-7　电阻元件的“编辑元件属性”对话框

对话框中的“元件标注”是元件在原理图中唯一的参考名称，不允许重名。若需要在标注的名称上面显示上横线，只要在输入的标注名称前、后各加上美元符号 $ 即可。例如，输入的标注为 $R1$ 时，在原理图中将显示为 $\overline{R1}$。

Resistance(Ohms)是电阻 R1 的阻值，可根据要求将其修改为所需的值。图中 47R 表示 R1 的电阻值为 47Ω。如果阻值为 4.7kΩ，则可填写为 4.7k，以此类推。

7）连线

放置好元件后，即可开始连线。移动鼠标到要连线的元件引脚上，光标会变成绿色铅笔样式，单击并移动鼠标定位到目标元件引脚的端点或目标连线上（移动过程中光标会变成白色铅笔样式），再单击即可完成两连接点之间的连线。在这个过程中，连线将随着鼠标的移动以直角方式延伸，直至到达目标位置。

如果在连线过程中想自己决定走线路径，只需在希望放置拐点的地方单击即可。放置拐点的地方，拐点上会显示一个临时性的"×"标记，如图 10-8 所示。连线完成后，"×"标记会自动清除。

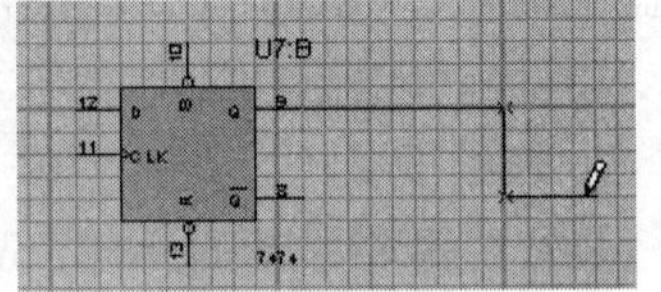

图 10-8　在连线过程中放置拐点

有时需要在连线上加标注，只要在连线上右击，打开快捷菜单，选择"放置连线标签"，在打开的编辑连线标签对话框中的"标号"栏中输入标签名即可，也可用下拉菜单选择已有的标签名称（注：凡是名称相同的对象在电路图中认为是相连的）。

在系统自动走线过程中，按住 Ctrl 键，系统将切换到完全手动模式，可以利用此方法绘制任意角度的斜线和折线。

8）放置连接终端

绘制原理图时往往还需要放置并连接某些终端，如输入/输出、电源/地线、总线等。图 10-6 中用到 4 类终端：电源（POWER）、地线（GROUND）、默认终端（DEFAULT）、总线（BUS）等。

（1）放置并连接电源和地线。

步骤如下：

① 单击"终端模式"按钮，元器件选择窗口中会显示出可供选择的终端。

② 从元器件选择窗口中选择 POWER，将其放置于 8086 微处理器的左上方。

③ 右击电源终端，在弹出的快捷菜单中选择"编辑属性"，弹出属性编辑对话框。在属性对话框中的标号栏输入+5V（或 V_{CC}），单击"确定"按钮关闭对话框。

④ 将 8086 的 REDAY 和 MN/MX 引脚连接到电源终端。

⑤ 用同样的方法放置地线终端，并将 RESET 引脚连接到地线终端。

（2）放置并连接默认终端（一端有圆圈的短线）。

步骤如下：

① 单击"终端模式"按钮，元器件选择窗口中会显示出可供选择的终端。

② 从元器件选择窗口中选择 DEFAULT，将其放置于 8086 的 NMI、RD、WR、M/IO 引脚的旁边（注意要留有一定的间距）。

③ 右击 NMI 引脚旁边的默认终端，在弹出的快捷菜单中选择"编辑属性"，弹出属性编辑对话框。在属性对话框中的标号栏输入 NMI（表示这个终端名字为 NMI，是 NMI 信号的连接端子），单击"确定"按钮关闭对话框。

④ 将 8086 的 NMI 引脚连接到此 NMI 终端。

⑤ 用同样的方法标注并连接 RD、WR、M/IO 等终端（注：标注时应输入 \$RD\$、\$WR\$ 和 M/\$IO\$，以便在符号上部显示上横线）。

（3）放置并连接总线。

为了使原理图简洁并简化绘图，Proteus ISIS 支持用一条粗线条（总线，BUS）代表多条并行的连接线。放置并连接总线的步骤如下。

① 单击"终端模式"按钮，从元器件选择窗口中选择 BUS（总线终端），将其放置于 8086 的 AD[0..15]引脚的右侧合适的地方，并调整总线终端的方向（如果需要）。

注意：AD[0..15]是指一组共 16 根连线，名称分别为 AD0，AD1，…，AD15，AD[0..15]是这组连线名称的缩写。

② 右击总线终端，在弹出的快捷菜单中选择“编辑属性”，弹出属性编辑对话框。在属性对话框中的标号栏输入 AD[0..15]，单击“确定”按钮关闭对话框。

③ 单击“总线模式”按钮。

④ 移动鼠标到 8086 的 AD[0..15]引脚端点，光标会从白色铅笔变成蓝色铅笔，按住鼠标左键并拖动到总线端子上，再单击即可。

⑤ 用同样的方法连接并标注总线 A[16..19]。

⑥ 如果只画一条没有终端的总线，则直接单击“总线模式”按钮，在总线起始位置单击，然后拖动光标(如果中间需要放置拐点，只需在拐点处单击即可)，在总线的终点单击，再右击结束总线绘制。

到此为止，与 8086 微处理器相关的连线就完成了。然后，就可继续完成图 10-6 中非门、或门、触发器、7 段数码管等元件的连接。方法同上，不再赘述。

10.1.3 仿真运行

Proteus ISIS 可以在没有实际物理器件的环境下进行电路的软硬件仿真。为此，其模型库中提供了大量的硬件仿真模型。

- 常见的 CPU，如 8086、Z80、68000、ARM7、PIC、Atmel AVR 和 8051/8052 等。
- 数字集成电路，如 TTL 74 系列、CMOS 4000 系列、82xx 系列等。
- D/A 和 A/D 转换电路。
- 虚拟仪器，如示波器、逻辑分析仪、定时计数器、电压表、电流表等。
- 各种显示器件、键盘、按钮、开关、电机、传感器等通用外部设备。

Proteus VSM 8086 是 Intel 8086 处理器的指令和总线周期仿真模型。它能通过总线驱动器和多路输出选择器连接 RAM、ROM 及各种外部接口电路，能够仿真最小模式中所有的总线信号和器件的操作时序(尚不支持最大模式)。

Proteus VSM 8086 模型支持直接加载 BIN、COM 和 EXE 格式的文件到内部 RAM 中，而不需要 DOS 环境，并且允许对 Microsoft CodeView 和 Borland 格式中包含了调试信息的程序进行源或反汇编级别的调试，所有调试格式都允许全局变量的观察，但只有 Borland 格式支持局部变量的观察。

下面简要介绍本实验指导书中 8086 模型的仿真步骤。

1. 编辑电路原理图

按前面介绍的原理图编辑方法在原理图编辑窗口中画出仿真实验电路原理图。

2. 设置 8086 模型属性

在编辑窗口中右击 8086，在弹出的快捷菜单中选择“编辑属性”，弹出“编辑元件属性”对话框，如图 10-9 所示。然后按表 10-4 对 8086 模型的属性进行修改。

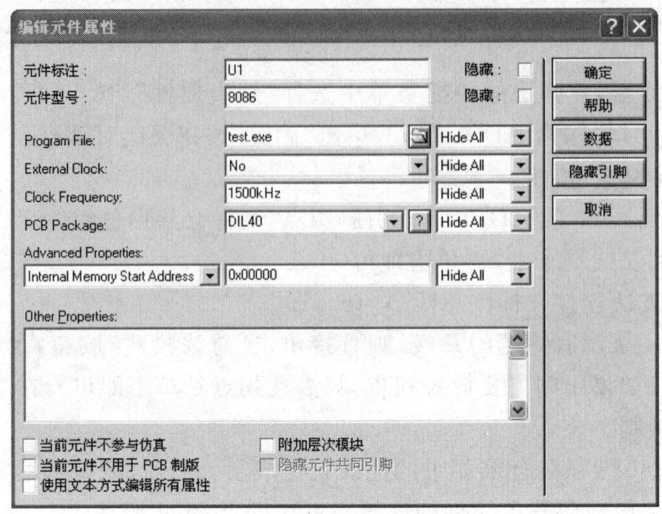

图 10-9　编辑 8086 模型的属性

表 10-4　8086 模型属性

属　　性	默认值	修改值	描　　述
仿真程序文件名 (Program File)			指定一个程序文件并加载到模型的内部存储器中
是否使用外部时钟 (External Clock)	No	No	指定是否使用外部时钟模式
时钟频率 (Clock Frequency)	1000kHz	1500kHz	指定 8086 的时钟频率。使用外部时钟时此属性被忽略
内部存储器起始地址 (Internal Memory Start Address)	0x00000	0x00000	内部仿真存储区的起始地址
内部存储器容量 (Internal Memory Size)	0x00000	0x10000	内部仿真存储区的大小
程序载入段 (Program Loading Segment)	0x0000	0x0200	决定仿真程序加载到内部存储器中的位置
程序运行入口地址 (BIN Entry Point)	0x00000	0x02000	仿真程序从何处开始运行
是否在 INT 3 处停止 (Stop on Int3)	Yes	Yes	运行到仿真程序中的 INT 3 指令时是否停止

注意：表 10-4 中，前 3 项属性在“编辑元件属性”对话框中是一一对应的，而后 5 项则需要通过选择高级属性(Advanced Properties)下拉列表来逐个进行编辑。

设置好后，单击“确定”按钮关闭对话框。

3. 设置编译环境和环境变量

Proteus ISIS 支持的编译器包括 Microsoft C/C++ 、Borland C++ 、MASM32、TASM

等。本实验指导书中的所有汇编语言源程序都是用 MASM32 编译器汇编/连接生成 EXE 文件。

按下述方法设置 MASM32 的编译环境。

(1) 安装 MASM32 编译器到 C:\MASM32 目录。

(2) 建立编译批处理文件。

新建一个文本文件,文件名为 MASM32. BAT。输入以下内容:

```
@ECHO OFF
Set path=%path%;C:\MASM32\BIN
ml/c/Zd/Zi%1
setstr=%1
set str=%str:~0,-4%
link16 /CODEVIEW %str%.obj,%str%.exe,nul.map,,nul.def
```

将文件保存到 X: \Labcenter Electronics\Proteus 7 Professional\SAMPLES 目录中(X 为 Proteus 安装的盘符)。

(3) 设置 Windows 环境变量。

为了在编译过程中能找到编译器 ml. exe 和连接器 link16. exe,需要在 Windows 环境变量中添加编译器和连接器的安装目录。

右击"我的电脑",选择"属性",在弹出的对话框中选择"高级"选项卡,单击"环境变量"按钮,弹出"环境变量"对话框。在上面的"用户变量"区中单击"新建"按钮,弹出"编辑用户变量"对话框,在"变量名"栏中输入 Path,在变量值栏中输入"C: \MASM32\BIN;",单击"确定"按钮关闭对话框。

(4) 在 Proteus 中设置编译器。

选择 Proteus 的菜单栏中的"源代码"→"设置代码生成工具",单击"新建"按钮,选择步骤(2)中保存的 MASM32. BAT 文件;然后在"添加/移除代码生成工具"对话框的"源程序扩展名"栏中输入 ASM,在"目标代码扩展名"栏中输入 EXE,在"命令行"栏中输入"%1",如图 10-10 所示。单击"确定"按钮关闭对话框。

4. 添加源程序并编译

步骤如下:

(1) 输入实验源程序。

用任意的文本编辑器(如 Windows 的记事本)输入实验源程序并保存到 X: \Labcenter Electronics\Proteus 7 Professional\SAMPLES 目录下(X 为 Proteus 安装的盘符),保存时源程序的文件名可以任意起,但最好起一个有意义的名字,并且不要与已有的文件重名,扩展名必须为 asm。

本实验指导书中仿真实验的 MASM32 汇编语言源程序框架如下:

```
<常数定义和宏定义放在此处>
.model small
.8086
```

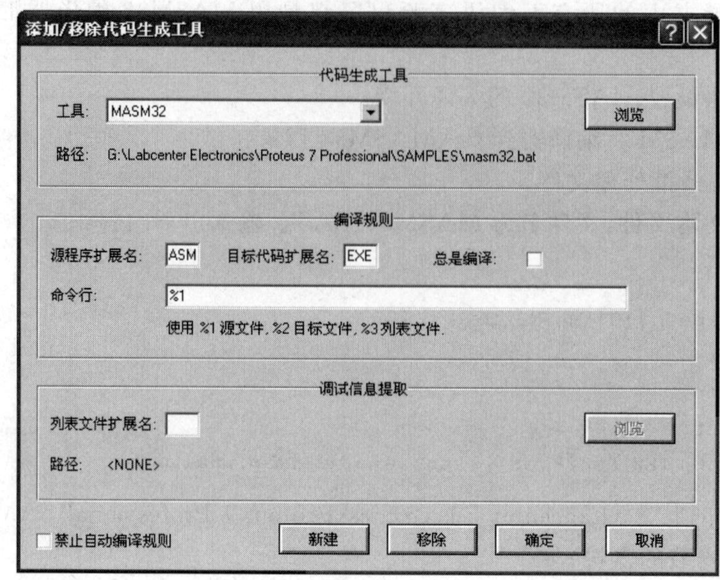

图 10-10　设置代码编译器(生成工具)

```
.stack
.code
.startup
<实验源程序指令放在此处>
.data
<源程序所需的数据变量放在此处>
end
```

若程序不需要定义数据变量,data 段可以省略,位置也可放在 code 段前面。

编写源程序时要注意以下两点。

① 仿真运行的 8086 是一台裸机,没有操作系统。因此程序中不可以使用 DOS 或 BIOS 调用。

② 主程序应为永久循环结构(用 jmp <程序开始处的标号>指令实现),以使得仿真能够持续运行。要结束仿真运行可单击仿真控制按钮中的停止按钮。

(2) 在 Proteus 中添加汇编语言源程序文件。

选择"源代码"→"添加/删除源代码文件",在"添加/移除源代码"对话框的"代码生成工具"下拉列表中选择 MASM32。再单击"新建"按钮,找到并选择刚才编写的源程序文件,如图 10-11 所示,单击"确定"按钮关闭对话框。

(3) 编译源程序。

选择"源代码"→"编译全部"。若有错误,则重新修改源程序后重新编译,直到无错误为止。

5. 仿真调试运行

单击界面左下角的仿真控制按钮(开始、帧进、暂停、停止),可观察电路的仿真运行情

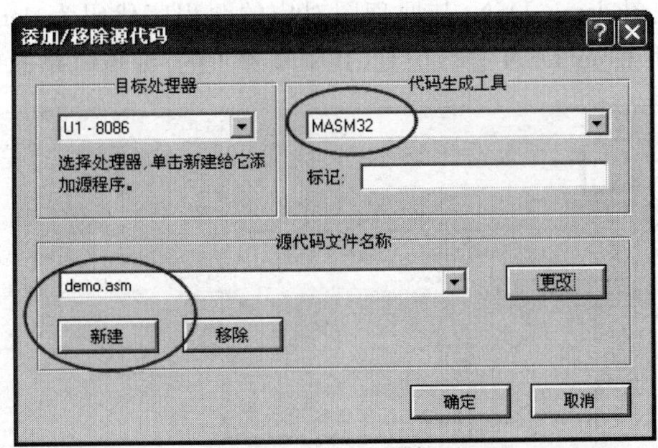

图 10-11　设置代码生成工具,添加源程序文件

况(有一定的动画效果)。仿真过程中,红色方块代表低电平,蓝色方块代表高电平,灰色方块代表不确定电平。

单击"开始"按钮,开始仿真运行。

单击"帧进"按钮,进入下一个"动画"帧。

单击"暂停"按钮,暂停仿真,进入调试模式。系统会弹出源程序调试窗口,使用者也可在系统菜单的"调试"下打开 8086 寄存器窗口、存储器窗口和其他观测窗口。

单击"停止"按钮,停止仿真运行。

若处于未运行状态时,选择菜单的"调试"→"开始/重新启动调试"选项,等价于单击仿真控制按钮中的"暂停"按钮,使电路进入调试模式。

如要设置断点,可进入调试模式后,在源程序调试窗口中单击要设置断点的指令,然后按 F9 键即可,按 F12 键开始运行程序。

6. 保存设计

保存原理图到 U 盘中,以供以后修改和仿真。步骤为选择"文件"→"保存设计"(或直接单击工具栏上的"保存设计"按钮)。

10.1.4　操作练习

(1) 按图 10-12 绘制电路原理图。图中的元件为:

U1:8086(微处理器)。

U2、U8:NOT(非门)。

U3～U6:OR_2(2 输入或门)。

U7:7474(D 触发器)。

U9:7SEG-COM-ANODE(7 段数码管)。

R1:RES(电阻)。

(2) 启动 Proteus ISIS,选择"文件"→"打开设计"(或直接单击工具栏上的"打开设计"

按钮)，载入示范原理图 demo. DSN(与原理图对应的源程序代码为 demo. asm)。按 10. 1. 3 节介绍的仿真步骤对 demo. DSN 进行仿真(其中步骤 1 的“编辑电路原理图”可省略)。

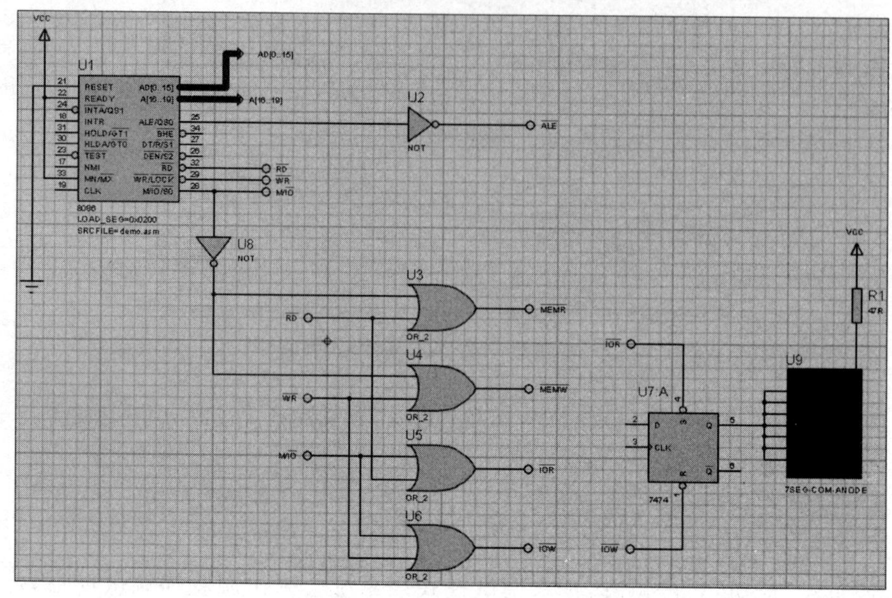

图 10-12　操作练习 1 电路原理图

10.2　8086 最小系统构建和 I/O 地址译码实验

10.2.1　实验目的

(1) 掌握 I/O 地址译码器的工作原理和电路设计。

(2) 掌握 Proteus ISIS 中电路原理图的模块化设计方法。

(3) 绘制通用的 8086 最小系统电路图和 I/O 地址译码电路图供后续实验使用。

10.2.2　实验预习要求

(1) 复习最小模式下 8086 系统总线的结构与实现。

(2) 事先编写好实验中的程序。

10.2.3　实验内容

(1) 设计通用的 8086 最小系统电路模块。

(2) 设计通用的 I/O 地址译码电路模块。

(3) 编写测试程序，对 8086 最小系统和 I/O 地址译码电路模块进行仿真测试。

10.2.4 实验预备知识

本书中的仿真实验采用模块化方法进行硬件电路设计。模块化设计有很多优点。

(1) 对于较大、较复杂的电路图,如果将整个电路图都画在一张图纸上不仅容易出错,同时也不利于分工合作和技术交流。而利用模块化的电路设计方法可以将复杂的电路图根据功能划分为几个模块,绘制为多张原理图,能够较好地解决上述问题。

(2) 在硬件电路设计时,电路中的某些部分往往与以前设计过的电路是相同或类似的。利用模块化的电路设计方法可以直接引用以前设计好的电路模块,从而大大缩短设计周期,并能减少设计错误。

上述第(2)条对于本实验指导书中的仿真实验尤其重要。本实验指导书中,每个仿真实验的微处理器电路和 I/O 地址译码电路部分都基本相同,若每个实验都重新绘制显然会浪费宝贵的实验时间。

因此,本实验将利用模块化设计方法将微处理器电路和 I/O 地址译码电路做成子电路模块,以方便后面的实验重复使用。

本实验需要设计 3 个电路模块:8086 最小系统、I/O 地址译码电路、测试用辅助电路。

(1) 8086 最小系统电路提供如下基本总线信号:

地址信号线 $XA_0 \sim XA_{19}$。

数据信号线 $XD_0 \sim XD_{15}$。

数据总线高 8 位允许信号 #XBHE。

存储器读/写控制信号 #MEMR、#MEMW。

I/O 读/写控制信号 #IOR、#IOW。

(2) I/O 地址译码电路提供 I/O 地址译码输出信号 #IOY0～#IOY7,地址分别为:

#IOY0:1000H～100FH。

#IOY1:1010H～101FH。

#IOY2:1020H～102FH。

#IOY3:1030H～103FH。

#IOY4:1040H～104FH。

#IOY5:1050H～105FH。

#IOY6:1060H～106FH。

#IOY7:1070H～107FH。

注意: 地址线 $XA_0 \sim XA_3$ 未参与译码,故每个译码输出信号对应 16 个地址。

(3) 测试用辅助电路用于测试 8086 最小系统和 I/O 地址译码电路设计是否正确。其原理是采用一个 8D 锁存器驱动 8 个 LED 灯,编写程序使 LED 灯循环点亮,呈现流星灯效果。8 个 LED 灯的显示顺序为:10000000→11000000→11100000→11110000→01111000→00111100→00011110→00001111→00000111→00000011→00000001-00000000→再从头开始。

(4) 本实验使用的仿真元件清单见表 10-5。

表 10-5　8086 最小系统构建和 I/O 地址译码实验元件清单

元件名称	所属类	功能说明
8086	Microprocessor ICs	微处理器
74LS138	TTL 74 series	3～8 译码器
74LS245	TTL 74 series	双向总线收发器
74LS273	TTL 74 series	8D 锁存器(带清除端)
NOT	Simulator Primitives	非门
NAND_2	Modeling Primitives	2 输入与非门
OR_2	Modeling Primitives	2 输入或门
OR_8	Modeling Primitives	8 输入或门
LED-RED	Optoelectronics	红色 LED
RESPACK-8	Resistors	8 电阻排

10.2.5　实验操作指导

1. 创建 8086 最小系统模块

1) 使用子电路工具建立 8086 最小系统模块框图

(1) 绘制模块外框。单击"子电路模式"按钮,然后在编辑窗口按住鼠标左键拖动,拖出子电路模块图框,如图 10-13(a)、(b)所示。

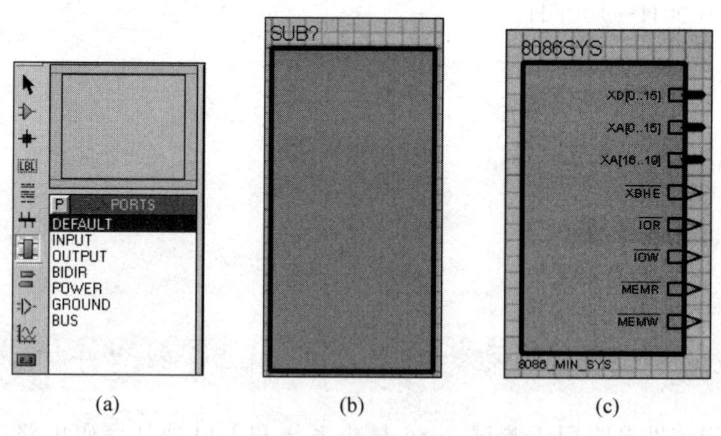

图 10-13　创建子电路模块

(2) 放置信号端子。从图 10-13(a)所示的元器件选择窗口中选择 BUS(总线端子),放置在子电路图框的右侧。放置的方法是将铅笔光标移动到子电路图框的右侧边线合适的位置上,当铅笔光标的尖端上显示一个叉号(×)时,单击即可。总线端子共放置 3 个。

再从元器件选择窗口中选择 OUTPUT(输出端子),放置在子电路图框的右侧,输出端子共放置 5 个,如图 10-13(c)所示。

(3) 编辑端子名称。右击端子,在弹出的快捷菜单中选择"编辑属性",打开属性编辑对话框,在"标号"栏中输入端子名称(端子名称必须与接下来要绘制的子电路逻辑终端名称一致)。端子名称编辑完成后的样子如图 10-13(c)所示。各端子含义如下。

XD[0..15]:数据总线(16 位)。

XA[0..15]:地址总线的低 16 位。

XA[16..19]:地址总线的最高 4 位。

$\overline{\text{XBHE}}$:数据总线高 8 位允许信号。

$\overline{\text{IOR}}$:I/O 读控制信号。

$\overline{\text{IOW}}$:I/O 写控制信号。

$\overline{\text{MEMR}}$:存储器读控制信号。

$\overline{\text{MEMW}}$:存储器写控制信号。

2) 编辑 8086 最小系统模块子电路图

右击子电路模块图框,在弹出的快捷菜单中选择"转到子页面",这时 ISIS 加载一个空白的子图页面。接下来要绘制的子电路原理图要在此页面中编辑。

在子图页面中输入图 10-14 所示的 8086 最小系统电路原理图。

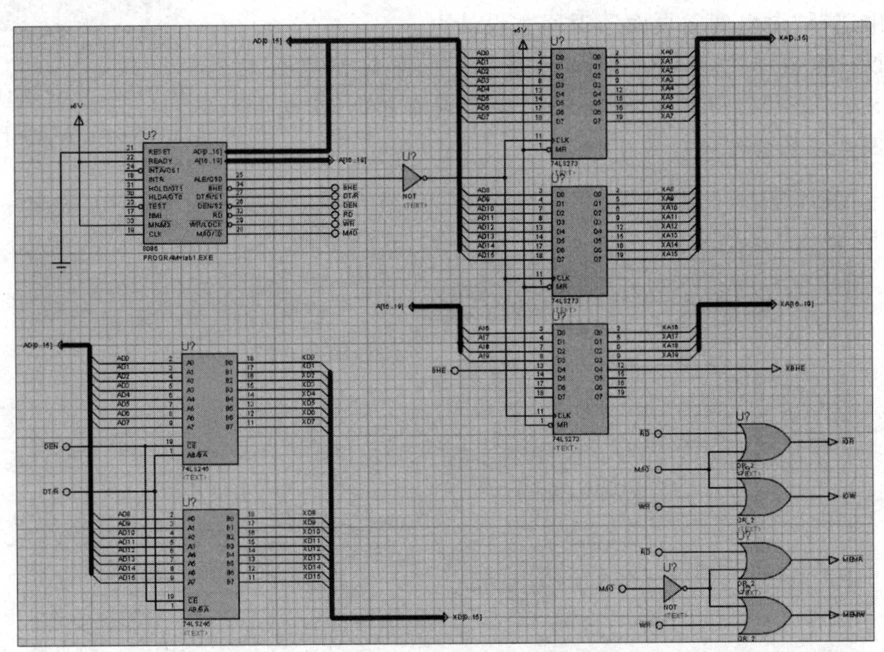

图 10-14　8086 最小系统模块子电路原理图

注意:

- 绘制子电路时,需要与外部连接的信号端子采用终端模式,其名称要与第(1)步中设置的端子名称一致。

- 连接总线与元件引脚的连线需标注信号名称。方法是先选中连线，然后在连线上要放置信号名称的位置右击，在弹出的快捷菜单中选择“放置连线标签”，弹出编辑连线标签对话框，在标签栏中输入信号名称，单击“确认”按钮关闭对话框。

子电路编辑完后，单击工具栏上的“保存设计”按钮保存电路图（**文件名为 8086 . DSN**），然后在子电路编辑窗口的空白处右击，在弹出的快捷菜单中选择“退出到父页面”，返回主设计页。最后单击工具栏上的“保存设计”按钮再次保存电路原理图。

2. 创建 I/O 地址译码子电路

首先按上述同样的方法绘制图 10-15 所示的 I/O 地址译码模块框图，绘制好后选中模块框图，再单击工具栏上的“导出区域”按钮，将模块框图保存成部件组文件（**文件名为 IOS_M. SEC**）。

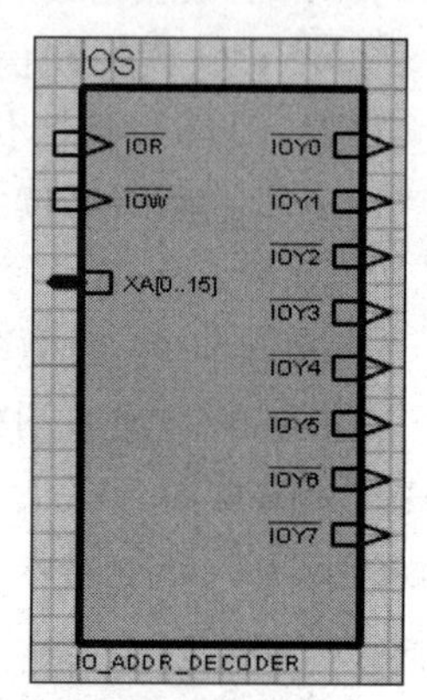

图 10-15　I/O 地址译码模块框图

然后在模块框图上右击，进入子电路页面，按图 10-16 绘制 I/O 地址译码模块子电路图，绘制好后选中整个子电路图，然后单击工具栏上的“导出区域”按钮，将子电路图保存为 **IOS_S. SEC**。最后在子电路编辑窗口的空白处右击，在弹出的快捷菜单中选择“退出到父页面”，返回主设计页。

建议：两个子电路模块制作完成后，可将制作完成的 8086. DSN、IOS_M. SEC、IOS_S. SEC 保存到自己的 U 盘中，以便在本实验和后续实验中使用。

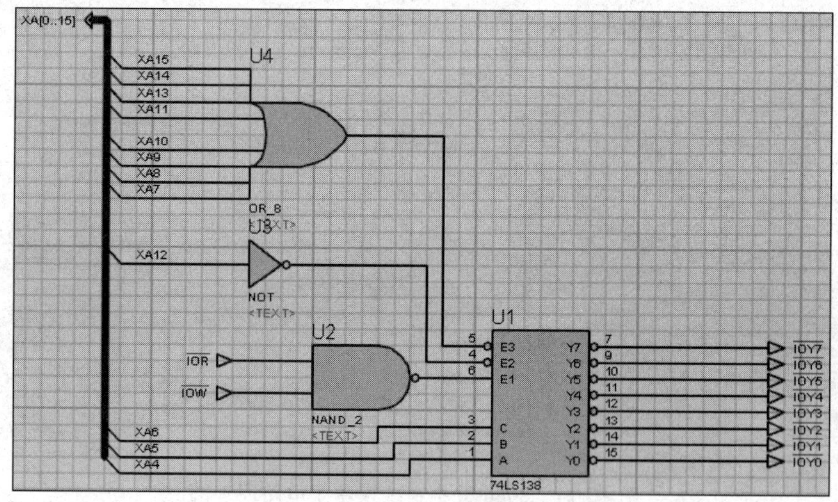

图 10-16　I/O 地址译码模块子电路原理图

3. 绘制实验电路原理图

(1) 将 8086. DSN 复制一个副本，重命名为 lab1. DSN。

(2) 重新启动 Proteus ISIS。单击工具栏上的"打开设计"按钮,选择 lab1. DSN。

(3) 单击工具栏上的"导入区域"按钮,选择 IOS_M. SEC(I/O 地址译码模块框图),将其放置到合适的地方。然后在模块框图上右击,在弹出的快捷菜单中选择"转到子页面",这时 ISIS 加载一个空白的子图页面,单击工具栏上的"导入区域"按钮,选择 IOS_S. SEC(I/O 地址译码子电路),将子电路放置在合适的地方,最后在子页面空白处右击,在弹出的快捷菜单中选择"退出到父页面"。

(4) 按图 10-17 所示对两个模块进行连线,并绘制测试用辅助电路。

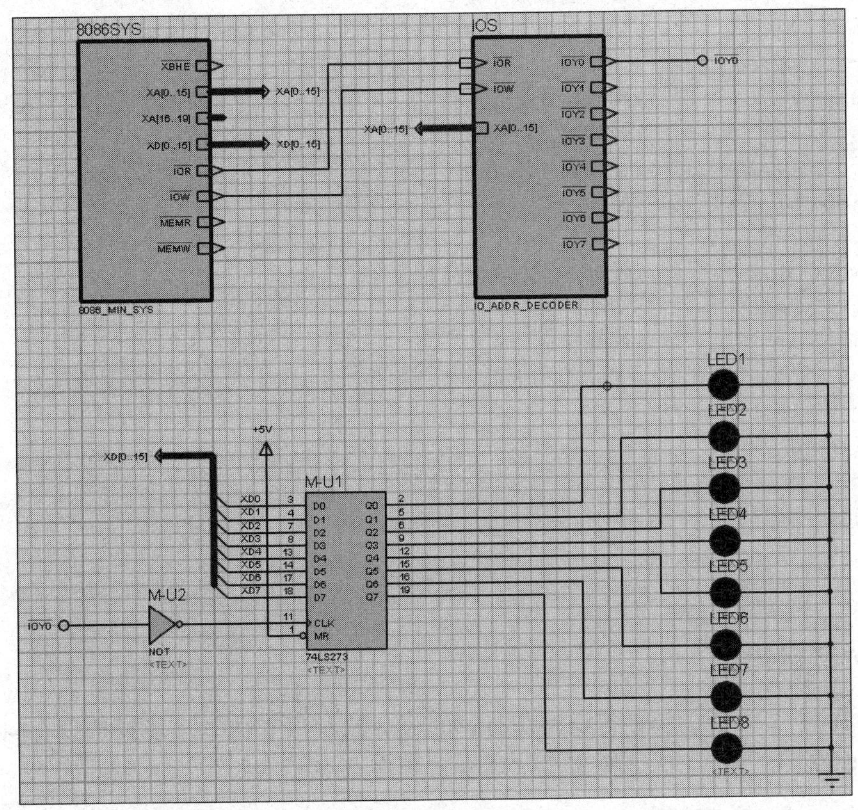

图 10-17　8086 最小系统构建和 I/O 地址译码实验电路图

(5) 对所有元器件进行标注。在菜单栏上选择"工具栏"→"全局标注",弹出标注器对话框,在其中选择"范围"为"整个设计",选择"模式"为"增量",然后单击"确定"按钮关闭对话框。

(6) 将实验电路图保存为 lab1. DSN。

4. 编写测试程序

参考程序如下:

```
.model small
.8086
.stack
```

```
.data
.code
.startup
    mov  dx,1000h      ;74LS273锁存器的地址
lp0:
    mov  bx,0e001h     ;点亮 LED 灯的模式值,仅低 8 位输出
lp1:
    mov  al,bl
    out  dx,al         ;输出当前点亮模式
    mov  ah,1          ;延迟 1 个基本时间单位
    call delay
    cmp  bl,0          ;判断模式是否结束
    jz   lp2           ;若结束,进行长延时
    rol  bx,1          ;下一模式值
    jmp  lp1           ;循环
lp2:
    mov  ah,8          ;延迟 8 个基本时间单位
    call delay
    jmp  lp0           ;重新开始
delay:
    mov  cx,5000
d:  loop d
    dec  ah
    jnz  delay
    ret
end
```

5. 仿真运行

按照 10.1.3 节的步骤进行电路仿真,如果电路、程序和仿真环境设置没有问题,应该可以看到电路图上的 LED 灯按流星坠落样式顺序点亮。

10.2.6 实验习题

使 LED 灯按走马灯样式逐个点亮(每个灯每次亮 0.5s),编写程序并仿真运行。

10.2.7 实验报告要求

(1) 给出所绘制电路图的屏幕截图(8086 模块图、8086 子电路图、I/O 地址译码模块图、I/O 地址译码子电路图、实验电路图)。

(2) 将实验仿真运行画面的截图粘贴到实验报告中。

(3) 给出能够正确运行的实验源程序和实验习题的源程序。

(4) 在绘制电路原理图和仿真运行时,碰到的主要问题是什么? 你是如何解决的?

(5) 写出实验小结、体会和收获。

10.3 存储器扩充实验

10.3.1 实验目的

(1) 了解静态存储器操作原理。

(2) 掌握 16 位存储器电路设计。

10.3.2 实验预习要求

(1) 复习存储器扩充方法。

(2) 事先编写实验中的汇编语言源程序。

10.3.3 实验内容

(1) 用 6264 静态存储器芯片设计容量为 16K×8 的存储器电路。

(2) 编写程序,往存储器中写入按某种规律变化的数据。

(3) 仿真运行,在调试状态下观察存储器写入是否正确。

10.3.4 实验预备知识

8086 微处理器具有 16 位数据线,每次既可以读/写 16 位数据,也可以读/写 8 位数据。为了能够一次读/写 16 位数据,8086 的存储器分为奇体和偶体,奇体的存储单元地址全部为奇数,偶体的存储单元地址全部为偶数。偶体由 A0 选通,奇体由＃BHE 选通。

存储器中,从偶地址开始存放的 16 位数据称为规则字,从奇地址开始存放的 16 位数据称为非规则字。8086 访问规则字只需要一次读/写操作,＃BHE 和 A0 同时有效,从而同时选通奇体和偶体。但访问非规则字却需要两次读/写操作,第一次读/写操作时＃BHE 有效,访问的是奇地址字节;第二次读/写操作时 A0 有效,访问的是偶地址字节。写规则字和非规则字的简单时序图如图 10-18 所示。

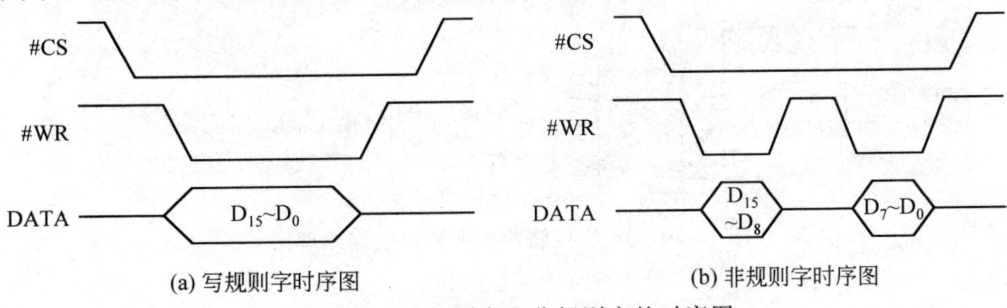

(a) 写规则字时序图　　(b) 非规则字时序图

图 10-18　写规则字和非规则字的时序图

8086 读/写 8 位数据时只需要一个读/写周期，视其存放单元为奇或偶，使＃BHE 或 A0 有效，从而选通奇体或偶体。

10.3.5 实验操作指导

本实验使用 SRAM 6264 芯片构成 16KB 的存储器，6264 芯片引脚图如图 10-19 所示。实验中的 8086 内部存储器空间设置为 32KB(0～7FFFH)，因此扩充的 16KB 存储器地址范围为 8000H～BFFFH，共 4000H 个存储单元。其中奇数地址存储单元共 8KB，由原理图中的 SRAM-1(BANK0)存储器芯片提供；偶数地址的存储单元共 8KB，由原理图中的 SRAM-2(BANK1)存储器芯片提供。可根据以上地址范围设计存储器的地址译码电路。

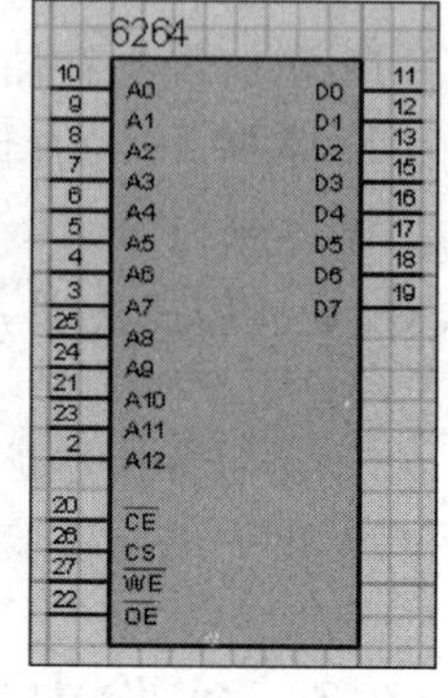

图 10-19　6264 引脚图

为了能够观察存储器操作的结果，编写程序时应注意，在存储器所有单元都写入后，要使用一条 INT 3 指令，这条指令可暂停仿真运行，从而进入调试状态。在调试状态中可打开存储器观察窗口，观察存储器的内容。

1. 设计电路原理图

16 位存储器扩展电路的原理图如图 10-20 所示，使用的元件清单见表 10-6(不包括 8086 模块中的元件)。

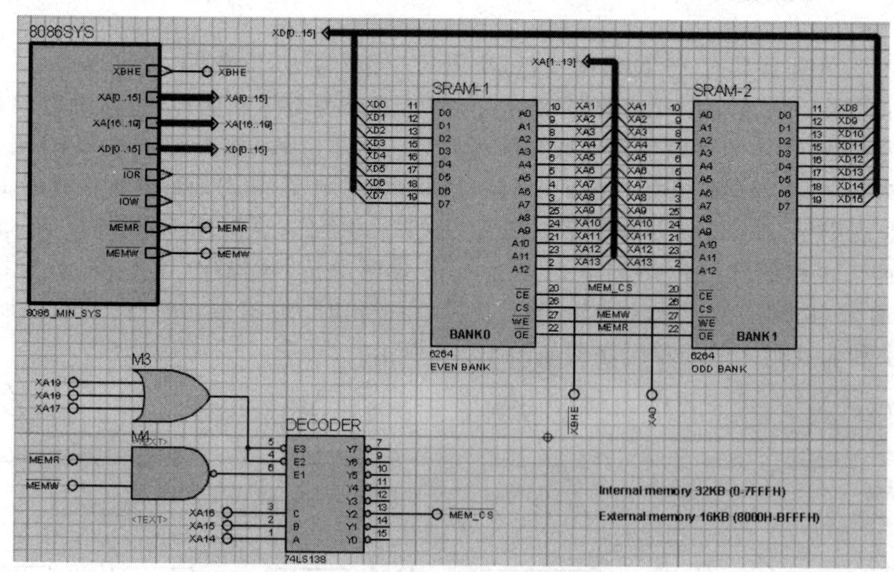

图 10-20　16 位存储器扩展实验电路原理图

表 10-6　16 位存储器扩展实验电路元件清单

元件名称	所属类	功能说明
6264	Memory ICs	8K×8 SRAM 芯片
74LS138	TTL 74 series	3～8 译码器
NAND_2	Modeling Primitives	2 输入与非门
OR_3	Modeling Primitives	3 输入或门

电路原理图中的 8086 模块直接使用实验 10.2 中已建立的 8086.DSN，步骤如下。

(1) 将 8086.DSN 复制一个副本，重命名为 lab2.DSN。

(2) 启动 Proteus ISIS。单击工具栏上的“打开设计”按钮，选择 lab2.DSN。

(3) 绘制原理图中的其他电路并保存设计文件。

2. 编写程序

将存储器的 BANK0(偶地址存储体)全部填入 0AAH，BANK1(奇地址存储体)全部填入 55H。为了能够观察存储器操作的结果，在所有存储单元都写入后，要使用 INT 3 指令作为程序的最后一条指令。该指令可暂停仿真运行，进入调试状态。在调试状态中可打开存储器观察窗口，观察存储器的内容。

参考程序如下：

```
.model small
.8086
.stack
.code
.startup
   MOV  AX, 0
   MOV  DS, AX                      ;段地址=0
   MOV  BX, 8000H                   ;存储器首地址
   MOV  CX, 2000H                   ;每个存储体 8KB
LP:
   MOV  BYTE PTR[BX+0],0AAH         ;偶地址存储体全部写入 0AAH
   MOV  BYTE PTR[BX+1],055H         ;奇地址存储体全部写入 055H
   ADD  BX,2
   LOOP LP
   INT  3H                          ;停止在 INT 3H
end
```

输入完成后，将源程序保存为 lab2.asm。

3. 设置编译环境

按表 10-7 设置 8086 模型属性。按 10.1.3 节内容设置编译环境。

表 10-7 设置 8086 模型的属性

属　　性	属 性 值
是否使用外部时钟(External Clock)	No
时钟频率(Clock Frequency)	1500kHz
内部存储器起始地址(Internal Memory Start Address)	0x00000
内部存储器容量(Internal Memory Size)	0x10000
程序载入段(Program Loading Segment)	0x0200
程序运行入口地址(BIN Entry Point)	0x02000
是否在 INT 3 处停止(Stop on Int3)	Yes

4. 添加源程序并仿真运行

按 10.1 节介绍的方法添加源程序并进行编译。

仿真运行,观察存储器的内容。

单击仿真开始按钮,待仿真暂停后,选择菜单中的"调试"→"Memory Contents-SRAM-1",在"Memory Contents-SRAM-1"前面打上钩(单击选项即可),打开存储器观察窗口,观察存储器中的内容是否正确。

10.3.6 实验习题

(1) 修改程序。

① 使写入的内容为 0～127,然后又是 0～127……直到全部 16KB 都写入按此规律变化的数据。

② 进行 16 位存储器写入操作,每次写入的内容为两个字符"CD",直到全部 16KB 都写入同样的数据。

(2) 将程序改为非规则字写入,再单步仿真运行,观察存储器中数据的变化,分析规则字和非规则字在存储器中的存放规律。

(3) 再添加 2 片 6264 芯片,地址范围为 C000H～FFFFH。编程将偶数地址单元全部填入字符"E",奇数地址单元全部填入字符"Z"。

10.3.7 实验报告要求

(1) 将绘制的实验电路原理图的屏幕截图粘贴到实验报告中。

(2) 将存储器观察窗口的屏幕截图粘贴到实验报告中。

(3) 给出能够正确运行的实验源程序和实验习题的源程序。

(4) 在实验中遇到的主要问题是什么? 你是如何解决的?

(5) 写出实验小结、体会和收获。

10.4 8253 定时计数器实验

10.4.1 实验目的

(1) 了解 8253 可编程定时计数器芯片的工作原理。

(2) 掌握 8253 的应用。

10.4.2 实验预习要求

(1) 复习 8253 的工作原理和编程方法。

(2) 事先编写实验中的汇编语言源程序。

10.4.3 实验内容

用 8253 设计一个方波发生器,3 个计数通道的输出频率分别为 100Hz、10Hz、1Hz。

10.4.4 实验预备知识

8253 定时计数器有 6 种工作方式,其中方式 3 为方波发生器方式,能够输出一定频率的连续方波。所以,将 8253 的 3 个通道均按方式 3 进行初始化,即可使 3 个计数通道输出要求的方波波形。3 个通道输出方波的频率指定如下:

通道 0:100Hz。

通道 1:10Hz。

通道 2:1Hz。

为了观察输出的方波波形,实验中使用了虚拟示波器。

10.4.5 实验操作指导

本实验中,8253 的输入时钟频率为 100kHz。若 3 个通道的时钟输入均为 100kHz,则所需的计数初值 N 分别为:

通道 0:N_0=100kHz/100Hz =1000。

通道 1:N_1=100kHz/10Hz =10000。

通道 2:N_2=100kHz/1Hz =100000。

可以看出,由于 8253 每个计数通道的最大分频值为 65536,如果采用单级计数,则无法实现 1Hz 的输出。为此,实验电路采用了多通道级联方式,将 8253 通道 1 的输出脉冲(10Hz)作为通道 2 的时钟输入,这时通道 2 的计数初值 N_2 应为 10Hz/1Hz=10。

下面是 3 个计数通道的初始化参数：

通道 0：N_0=1000,CW=00110110B(36H)。

通道 1：N_1=10000,CW=01110110B(76H)。

通道 2：N_2=10,CW=10110110B(B6H)。

为了编程方便,3 个通道的初始化序列用宏来实现。

1. 设计实验电路原理图

实验电路原理图如图 10-21 所示。原理图中使用的元件清单见表 10-8(不包括 8086 模块和 I/O 地址译码模块中的元件)。

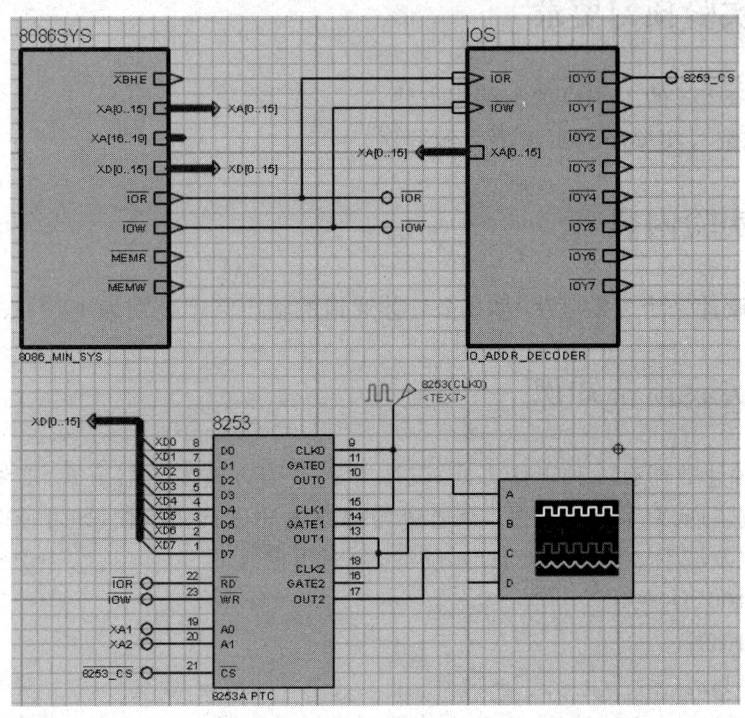

图 10-21　8253 定时计数器实验电路原理图

表 10-8　8253 定时计数器实验电路元件清单

元 件 名 称	所 属 类	功 能 说 明
8253A	Microprocessor ICs	可编程定时计数器

在图 10-21 中,8253 的#CS 引脚连接到 I/O 地址译码模块的输出引脚#IOY0。因此,8253 的地址为 1000H、1002H、1004H 和 1006H。

这里的 8253 的地址均为偶数地址,原因是 8086 的数据总线宽度为 16 位。8253 是一个 8 位芯片,只有 8 根数据线,因此只能使用 8086 的 16 位数据线中的低 8 位。由 10.3 节知,8086 CPU 访问存储器或外设接口时,偶数地址对应的是数据总线的低 8 位,奇数地址对应的是数据总线的高 8 位。因此,8253 的 I/O 地址只能是偶数地址,原理图中

8253的A_1、A_0引脚应与地址总线的A_2、A_1相连，地址总线的A_0不使用。

绘制电路原理图的步骤如下。

(1) 电路原理图中的8086模块直接使用10.2.5节中已建立的8086.DSN。方法是将8086.DSN复制一个副本，重命名为lab3.DSN。双击lab3.DSN打开。

(2) 单击工具栏上的“导入区域”按钮，导入10.2.5节中建立的I/O地址译码模块外框图IOS_M.SEC，将其放置在合适的位置。

(3) 在I/O地址译码模块框图上右击，在弹出的快捷菜单中选择“转到子页面”。

(4) 如果子页面中没有出现I/O地址译码子电路，则单击工具栏上的“导入区域”按钮，导入10.2节中建立的I/O地址译码子电路模块IOS_S.SEC，将其放置在合适的位置。

(5) 在子页面中，右击编辑窗口的空白处，在弹出的快捷菜单中选择“退出到父页面”。

(6) 绘制原理图中的8253电路和其他电路，完成后保存设计文件。

在原理图中，还需要放置8253所需的100kHz时钟源和虚拟示波器。放置方法如下。

- 8253时钟源：单击“激励源模式”按钮，在元器件选择窗口中选择“DCLOCK”，将其放置在合适的位置上，然后将其连接到8253的CLK_0和CLK_1引脚。放置并连好线后，右击时钟源，在弹出的快捷菜单中选择“编辑属性”，在属性编辑对话框中选中“频率(Hz)”，然后在其右边的输入框中输入“100k”，单击“确定”按钮关闭对话框。
- 虚拟示波器：单击“虚拟仪器模式”按钮，在元器件选择窗口中选择“OSCILLOSCOPE”(示波器)，将其放置在合适的位置上，然后将示波器的A、B、C三个输入端与8253的OUT_0、OUT_1和OUT_2引脚连接。

2. 编写控制程序

参考程序如下：

```
;==================================
set8253 macro counter,cw,n
        mov dx, 1006h           ;设置工作方式
        mov al, cw
        out dx, al
        mov dx, counter         ;设置计数初值
        mov ax, n
        out dx, al
        mov al, ah
        out dx, al
        endm
.model small
.8086
```

```
.stack
.data
.code
.startup
set8253 1000h,00110110B,1000  ;设置通道 0
set8253 1002h,01110110B,10000 ;设置通道 1
set8253 1004h,10110110B,10    ;设置通道 2
jmp $                         ;程序在此处原地踏步,以便于观察输出波形
end
;================================
```

输入完成后,将源程序保存为 lab3.asm。

3. 设置编译环境

按表 10-9 设置 8086 模型属性。按 10.1.3 节内容设置编译环境。

表 10-9 设置 8086 模型的属性

属　性	属　性　值
是否使用外部时钟(External Clock)	No
时钟频率(Clock Frequency)	1500kHz
内部存储器起始地址(Internal Memory Start Address)	0x00000
内部存储器容量(Internal Memory Size)	0x10000
程序载入段(Program Loading Segment)	0x0200
程序运行入口地址(BIN Entry Point)	0x02000
是否在 INT 3 处停止(Stop on Int3)	Yes

4. 添加源程序并仿真运行

按 10.1.3 节介绍的方法添加源程序并进行编译。仿真运行,观察 8253 的输出波形。

10.4.6 实验习题

修改电路,通过一个开关控制波形的产生。按下开关时,8253 开始计数;开关弹起时,停止计数(提示:用开关控制 8253 的 GATE 端)。

10.4.7 实验报告要求

(1) 将绘制的实验电路原理图的屏幕截图粘贴到实验报告中。
(2) 将仿真运行的屏幕截图粘贴到实验报告中。
(3) 给出实验源程序和实验习题的电路图。

(4) 在实验中碰到的主要问题是什么？你是如何解决的？

(5) 写出实验小结、体会和收获。

10.5 8255并行接口实验

10.5.1 实验目的

(1) 了解8255可编程并行接口芯片的工作原理。

(2) 掌握8255的应用。

10.5.2 实验预习要求

(1) 复习8255的工作原理和编程方法。

(2) 复习矩阵式键盘的按键识别方法。

(3) 预先编写好实验中的汇编语言源程序。

10.5.3 实验内容

用8255设计一个4×4矩阵键盘的接口，将按键的键值显示在7段数码管上。

10.5.4 实验预备知识

(1) 设置8255工作在方式0，A口用作7段数码管的接口，C口用作矩阵式键盘的接口。

(2) 独立式按键的接口和识别比较简单，但键数较多时会占用较多的I/O端口资源，因此只适用于按键较少的应用场合。为减少I/O端口资源的占用，在实际应用中当按键多于8个时往往采用矩阵式键盘，但按键的识别要稍微复杂一些。

识别矩阵式键盘按键的常用方法有扫描法和反转法。本实验采用了反转法来识别按键的键值。反转法键码识别的原理为以下6点。

① 设置从行线输出、从列线输入。

② 在行线上输出全0，然后读入列线状态，如果是全1，表示无按键按下。

③ 如果状态不是全1，表示有按键按下，保存此状态。

④ 将行线、列线的输入输出方向反转，再从列线输出保存的状态，从行线读入。

⑤ 将步骤(3)保存的状态与步骤(4)保存的状态合并。

⑥ 用合并后的状态查表即可得出按键的键值(编码)。

10.5.5 实验操作指导

1. 设计实验电路原理图

8255 并行接口实验电路原理图如图 10-22 所示。原理图中使用的元件清单见表 10-10(不包括 8086 模块和 I/O 地址译码模块中的元件)。

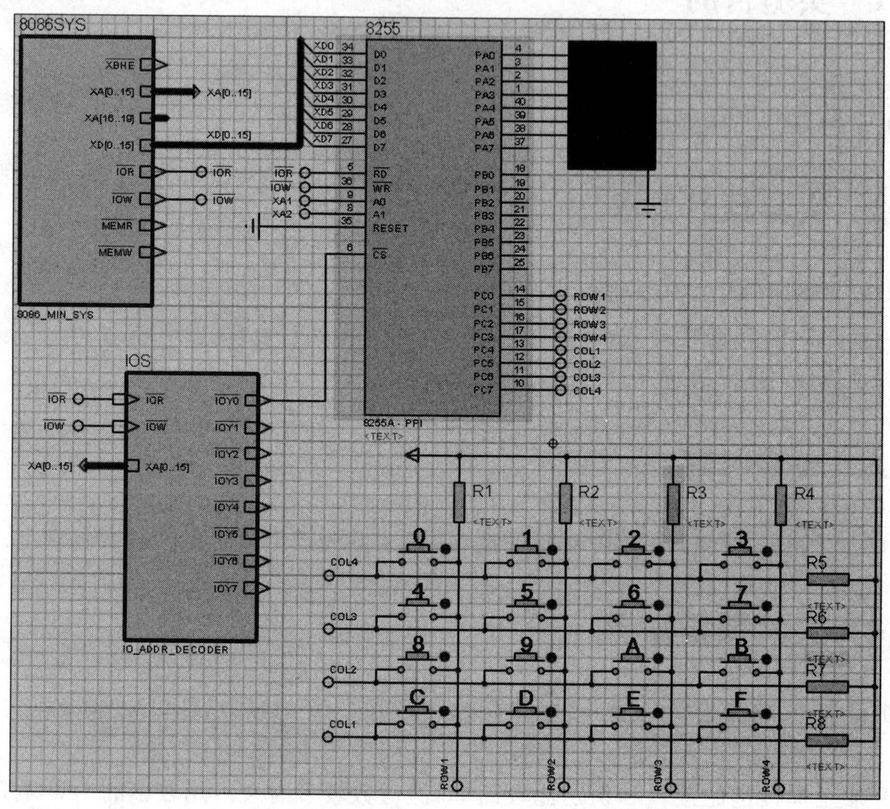

图 10-22 8255 并行接口实验电路原理图

表 10-10 8255 并行接口实验电路元件清单

元件名称	所属类	功能说明
8255A	Microprocessor ICs	可编程并行接口
BUTTON	Switches & Relays	自弹起按键
7SEG-COM-CATHODE	Optoelectronics	7 段数码管(共阴极)
RES	Resistors	电阻

图 10-22 的电路原理图中 8255 的 $\overline{CS}$ 引脚连接到 I/O 地址译码模块的输出引脚 $\overline{IOY0}$,其内部 4 个端口地址为 1000H、1002H、1004H 和 1006H(与 8253 一样,8255 也是一个 8 位接口芯片,因此其地址也都为偶数)。

根据图 10-22 所示电路原理图中的连线方法，可得到按键与键值的对应关系，如表 10-11 所示。根据读取的键码查找相应的 7 段码的方法为：在程序中设置两个表，键码表和 7 段码表；用读取的键码搜索键码表，得到其索引值，然后用索引值到 7 段码表中读取相应的 7 段码。

表 10-11　按键与键值的对应关系表

键　值	键　码	7 段显示码(共阴极)
0	0111 1110(7EH)	3FH
1	0111 1101(7DH)	06H
2	0111 1011(7BH)	5BH
3	0111 0111(77H)	4FH
4	1011 1110(BEH)	66H
5	1011 1101(BDH)	6DH
6	1011 1011(BBH)	7DH
7	1011 0111(B7H)	07H
8	1101 1110(DEH)	7FH
9	1101 1101(DDH)	6FH
A	1101 1011(DBH)	77H
B	1101 0111(D7H)	7CH
C	1110 1110(EEH)	39H
D	1110 1101(EDH)	5EH
E	1110 1011(EBH)	79H
F	1110 0111(E7H)	71H

绘制电路原理图的步骤如下。

(1) 电路原理图中的 8086 模块直接使用实验 10.2 中已建立的 8086.DSN。方法是将 8086.DSN 复制一个副本，重命名为 lab4.DSN。然后双击 lab4.DSN 在 ISIS 中打开它。

(2) 单击工具栏上的“导入区域”按钮，导入 10.2 节中建立的 I/O 地址译码模块外框图 IOS_M.SEC，将其放置在合适的位置。

(3) 在 I/O 地址译码模块框图上右击，在弹出的快捷菜单中选择“转到子页面”。

(4) 如果子页面中没有出现 I/O 地址译码子电路，则单击工具栏上的“导入区域”按钮，导入 10.2 节中建立的 I/O 地址译码子电路模块 IOS_S.SEC，将其放置在合适的位置。

(5) 在子页面中，右击编辑窗口的空白处，在弹出的快捷菜单中选择“退出到父页面”。

(6) 用上述方法导入 4×4 小键盘模块电路图 KEYPAD.SEC。

(7) 绘制原理图中的 8255 电路和其他电路，完成后保存设计文件。

2. 编写控制程序

参考程序如下：

```
pout macro port_addr, contents
    mov dx, port_addr
    mov al, contents
    out dx, al
    endm
getk macro port_addr, mask, target
    mov dx, port_addr
    in  al, dx                  ;读入键码
    and al, mask
    cmp al, mask                ;有键按下?
    jz  target                  ;无键按下,则转 target
    endm
.model small
.8086
.stack
.code
.startup
k0:
    pout 1006h,81h              ;设置 C 口高 4 位(行线)输出,低 4 位(列线)输入
k1:
    pout 1000h,dcode            ;显示键值
    pout 1004h,0                ;行线输出全 0
    getk 1004h,0fh,k1           ;读取键码低 4 位,无按键,则转 k1
    mov ah, al                  ;保存键码低 4 位
    pout 1006h,88h              ;设置 C 口高 4 位(行线)输入,低 4 位(列线)输出
    pout 1004h,ah               ;键码低 4 位输出
    getk 1004h,0f0h,k0          ;读取键码高 4 位,无按键(出错),则重新开始
    or  al, ah                  ;拼接得到 8 位键码
    mov si, 0                   ;键值索引
    mov cx, 16                  ;共 16 个键
k2:
    cmp al, kcode[si]           ;搜索键码
    jz  k3
    inc si
    loop k2
    jmp k0                      ;未找到,则认为无键按下
k3:
    mov al, seg7[si]            ;根据键码取 7 段码
    mov dcode, al               ;保存键码的 7 段码用于显示
    jmp k0
```

```
.data
    kcode db 07eh,07dh,07bh,077h,0beh,0bdh,0bbh,0b7h
        0deh,0ddh,0dbh,0d7h,0eeh,0edh,0ebh,0e7h
    seg7  db 03fh,006h,05bh,04fh,066h,06dh,07dh,007h
        07fh,06fh,077h,07ch,039h,05eh,079h,071h
    dcode db 0                      ;用于存放待显示键码的缓冲区
end
;=================================
```

输入完成后，将源程序保存为 lab4.asm。然后参照 10.4 节中的方法设置仿真实验环境和编译。最后进行仿真，单击 KEYPAD 上的按键观察 7 段数码管的显示。

10.5.6 实验习题

（1）修改程序，使用扫描法确定键值。

（2）修改电路，改用 8 位 7 段数码管显示按键键码。程序设计提示：设置一个能够存放 8 个键码的缓冲区队列，每得到一个键码，就将其加入队列尾部。队列溢出时，挤掉队列头部的键码。显示时将队列内容全部显示，显示完毕再读键值。队列初值为全 0（注意，往 8 位 7 段数码管写入段码前应先关闭显示，即先输出全 1 的位码，然后输出段码，最后再输出正常的位码）。

10.5.7 实验报告要求

（1）将绘制的实验电路原理图的屏幕截图粘贴到实验报告中。

（2）将仿真运行的屏幕截图粘贴到实验报告中。

（3）给出实验源程序、程序流程图和实验习题的电路图。

（4）在实验中遇到哪些主要问题？是如何解决的？

（5）写出实验小结、体会和收获。

*10.6 ADC0808 模/数转换实验

10.6.1 实验目的

了解模/数转换的原理，掌握 ADC0808 芯片的应用及其接口电路的设计。

10.6.2 实验预习要求

（1）复习模/数转换的原理，ADC0808 的应用和数据采集方法。

（2）事先编写实验中的汇编语言源程序。

10.6.3 实验内容

用 ADC0808 设计一个 3 位数字电压表,测量范围为 0V～5V,测量精度精确到小数点后 2 位。

10.6.4 实验预备知识

ADC0808 与 ADC0809 类似,都是具有 8 个模拟输入的逐次逼近型 8 位 A/D 转换芯片。实验中使用 ADC0808 连续检测可变电阻两端的电压值,将采集到的电压值显示在 7 段数码管上,同时使用 ISIS 提供的虚拟电压表测量该电压值,以进行对比。

本实验使用 8255 作为 4 位 7 段数码管的接口。8255 的 B 口用来输出段码,C 口的高 4 位用来选择当前显示的位。

10.6.5 实验操作指导

1. 设计实验电路原理图

实验电路原理图如图 10-23 所示。原理图中使用的元件清单见表 10-12(不包括 8086

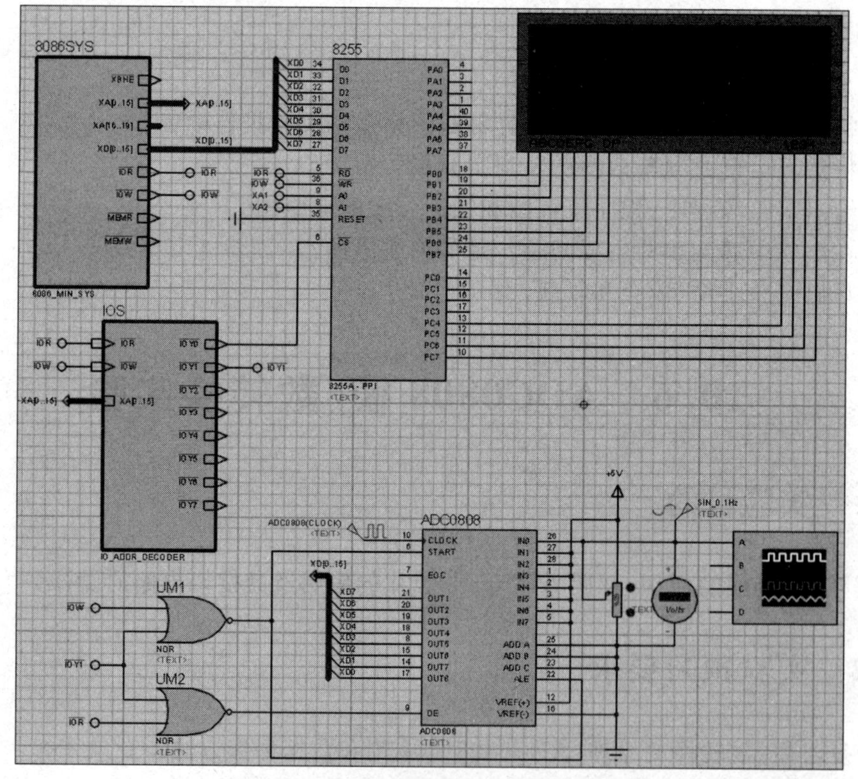

图 10-23　ADC0808 模/数转换实验电路原理图

模块和 I/O 地址译码模块中的元件)。

表 10-12　ADC0808 模/数转换实验电路元件清单

元件名称	所属类	功能说明
ADC0808	Data Converters	8 通道 8 位 A/D 转换器
8255A	Microprocessor ICs	可编程并行接口
NOR_2	Modeling Primitives	2 输入或门
POT-HG	Resistors	可变电阻器
7SEG-MPX4-CC-BLUE	Optoelectronics	4 位 7 段数码管(共阴极)

图 10-23 所示的电路原理图中主要器件的连接说明如下。

ADC0808 的输入时钟脉冲使用 ISIS 内置的数字脉冲激励源,频率为 100kHz。

待测模拟量从 ADC0808 模拟通道 0(IN0)输入,可将通道地址引脚直接接地。程序采用软件延时方式读取转换结果,因此 EOC 引脚不需要连接。模拟输入信号引自可变电阻的滑动端,变化范围为 0V～5V。如果要检测电路对连续变化信号的处理能力,在模拟输入端上还可以叠加一个正弦激励信号。模拟输入端上连接的虚拟电压表用来作为对比使用。I/O 地址译码模块的输出引脚 IOY1 作为 ADC0808 的启动地址(配合以 IOW 信号)和读出地址(配合以 IOR 信号),因此 ADC0808 的地址为 1010H。

8255 作为 4 位 7 段数码管的接口。B 口用来输出段码,C 口的高 4 位用来选择当前显示的位。I/O 地址译码模块的输出引脚 IOY0 作为 8255 的片选信号,因此 8255 的地址为 1000H、1002H、1004H 和 1006H。

绘制电路原理图的步骤如下。

(1) 电路原理图中的 8086 模块直接使用 10.2.5 节中已建立的 8086.DSN。方法是将 8086.DSN 复制一个副本,重命名为 lab5.DSN。双击 lab5.DSN 打开。

(2) 单击工具栏上的"导入区域"按钮,导入 10.2.5 节中建立的 I/O 地址译码模块外框图 IOS_M.SEC,将其放置在合适的位置。

(3) 在 I/O 地址译码模块框图上右击,在弹出的快捷菜单中选择"转到子页面"。

(4) 如果子页面中没有出现 I/O 地址译码子电路,则单击工具栏上的"导入区域"按钮,导入 10.2 节中建立的 I/O 地址译码子电路模块 IOS_S.SEC,将其放置在合适的位置。

(5) 在子页面中,右击编辑窗口中的空白处,在弹出的快捷菜单中选择"退出到父页面"。

(6) 绘制原理图中的 8255、显示屏、ADC0808 等其他电路,完成后保存设计文件。

(7) 放置数字时钟源并将其频率设置为 100kHz,放置方法见 10.4 节。连接数字时钟源到 ADC0809 的时钟输入端。

(8) 放置虚拟直流电压表并连接到 ADC0809 的模拟输入端,放置方法与 10.4 节的模拟示波器类似(选择 DC VOLTMETER)。

2. 编写控制程序

参考程序如下：

```
;=================================
I8255_b   =1002h
I8255_c   =1004h
I8255_ct  =1006h
adc0808   =1010h
inte      =11011111b              ;个位
fra1      =10111111b              ;十分位
fra2      =01111111b              ;百分位
with_dot  =80h
no_dot    =00h
clear macro                       ;清屏
    mov dx,I8255_c
    mov al,0ffH
    out dx,al
    endm
disp macro dot,location           ;显示 AL 中的内容(7 段码)
    or   al, dot                  ;整数位后是否显示小数点
    mov dx, I8255_b
    out dx, al
    mov al, location
    mov dx, I8255_c
    out dx, al
    endm
bin2seg7 macro num                ;将 num 转换为 7 段码(结果在 al 中)
    mov al, num
    lea bx, seg7
    xlat
    endm
.model small
.8086
.stack
.code
.startup
    mov  dx, I8255_ct             ;初始化 8255
    mov al, 80h
    out dx, al
    lea si, ddata
forever:
    mov  dx, adc0808              ;启动 A/D 转换
```

```
    out dx, al
    mov  cx, 10                 ;显示采样比=10(每轮显示 10 次采样 1 次)
display:
    clear                       ;显示个位
    bin2seg7 [si]
    disp with_dot,inte
    clear                       ;显示十分位
    bin2seg7 [si+1]
    disp no_dot,fra1
    clear                       ;显示百分位
bin2seg7 [si+2]
    disp no_dot,fra2
    loop display
    mov ax, 0
    mov  dx, adc0808            ;采样值 x->al
    in al, dx
    ;电压值 =x/51 =x0.x1x2/51 =[x0/51] +[0.x1/5.1] +[0.0x2/0.51]
    cwd
    mov  cx, 51                 ;计算个位=x/51
    div cx
    mov [si], al
    mov ax, dx
    mov  bx, 10                 ;计算十分位=(余数 * 10)/51
    mul bx
    div cx
    mov [si+1],al
    mov  ax, dx                 ;计算百分位=余数/5
    mov bl, 5
    div bl
    mov [si+2],al
    jmp forever
.data
    seg7  db 3fh,06h,5bh,4fh,66h,6dh,7dh,07h,7fh,6fh,77h,7ch,39h,5eh,79h,71h
    ddata db 0,0,0
end
;================================
```

输入完毕,将源程序保存为 lab5.asm。

3. 设置编译环境

按表 10-13 设置 8086 模型属性。按 10.1.3 节的内容设置编译环境。

表 10-13 设置 8086 模型的属性

属　性	属 性 值
是否使用外部时钟(External Clock)	No
时钟频率(Clock Frequency)	2000kHz
内部存储器起始地址(Internal Memory Start Address)	0x00000
内部存储器容量(Internal Memory Size)	0x10000
程序载入段(Program Loading Segment)	0x0200
程序运行入口地址(BIN Entry Point)	0x02000
是否在 INT 3 处停止(Stop on Int3)	Yes

4. 编译并运行

上述过程完成后，与前文所述方法相同，进行源程序的编译和仿真运行。

(1) 调节可变电阻器，观察数码管上的显示和模拟电压表的显示。

(2) 在模拟输入端加上一个正弦波激励源(频率为 0.1Hz)，再重新仿真运行，观察结果。

10.6.6 实验习题

(1) 修改程序，使测量精度为小数点后 3 位。

(2) 修改电路和程序，增加一个红色发光二极管和一个黄色发光二极管，当输入电压大于 4V 时点亮红色发光二极管，当输入电压小于 1V 时点亮黄色发光二极管。

(3) 修改电路和程序，增加条形发光二极管组(LED-BARGRAPH)，使条形发光二极管组的点亮个数随输入电压的变化而变化。

(4) 修改电路和程序，使用 ADC0808 的 EOC 信号决定读取数据的时刻(可以查询 EOC 状态，也可以用 EOC 作为非屏蔽中断 NMI 请求信号)。

10.6.7 实验报告要求

(1) 将绘制的实验电路原理图的屏幕截图粘贴到实验报告中。

(2) 将仿真运行的屏幕截图粘贴到实验报告中。

(3) 给出实验源程序。

(4) 给出实验习题的电路原理图、源程序和仿真运行的屏幕截图。

(5) 你在实验中遇到了哪些主要问题？是如何解决的？

(6) 写出实验小结、体会和收获。

*10.7　DAC0832 数/模转换实验

10.7.1　实验目的

(1) 了解数/模转换原理，掌握 DAC0832 芯片的应用及其接口电路的设计。

(2) 掌握使用计算机产生常用波形的方法。

10.7.2　实验预习要求

(1) 复习数/模转换原理和 DAC0832 的应用方法。

(2) 事先编写实验中的汇编语言源程序。

10.7.3　实验内容

利用 DAC0832 设计一个信号发生器，要求能够产生固定频率、固定幅度的方波、锯齿波和三角波。

10.7.4　实验预备知识

1. 模拟信号的产生

利用 D/A 转换器 DAC0832 将 8 位数字量转换成模拟量输出。数字量输入的范围为 0～255 时，对应的模拟量输出的范围在－VREF～＋VREF 之间。根据这一特性，可以在程序中输出按某种规律变化的数字量，即可以在 DAC0832 的输出端产生模拟波形。

例如，要产生幅度为 0V～5V 的锯齿波，只要将 DAC0832 的－VREF 接地，＋VREF 接＋5V，8086 首先输出 00H，再输出 01H、02H，直到输出 FFH，再输出 00H。依此循环。这样，在 DAC0832 的 V_{out} 端就可以产生在 0V～5V 之间变化的锯齿波。

2. 信号频率控制

若要调节信号的频率，只需改变输出的两个数据之间的延时即可。调整延时时间，即可调整输出信号的频率。

3. 波形切换

利用 DIP 开关来选择波形，并通过 LED 指示。

4. 信号幅度控制

DAC0832 的模拟量输出范围为－VREF～＋VREF 之间，所以只要调节 VREF 即可达到调节波形幅度的目的。

10.7.5 实验操作指导

1. 设计实验电路原理图

DAC0832 数/模转换实验电路原理图如图 10-24 所示。原理图中使用的元件清单见表 10-14(不包括 8086 模块和 I/O 地址译码模块中的元件)。

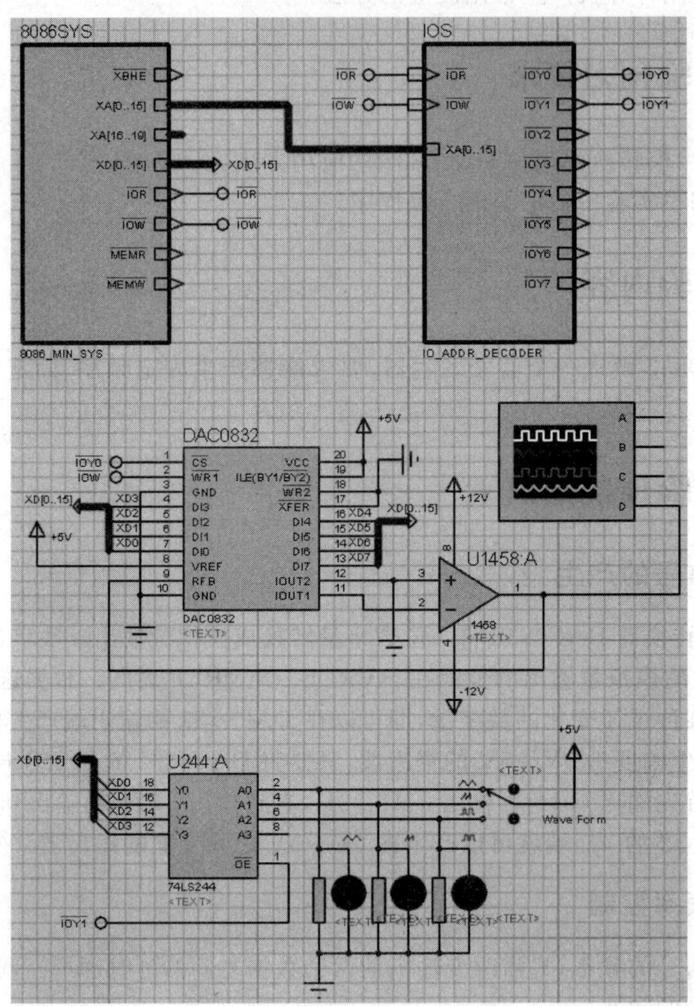

图 10-24 DAC0832 数/模转换实验电路原理图

表 10-14 DAC0832 数/模转换实验电路元件清单

元件名称	所属类	功能说明
DAC0832	Data Converters	8 位 D/A 转换器
74LS244	TTL 74 series	8 位三态总线缓冲/驱动器

续表

元件名称	所属类	功能说明
1458	Operational Amplifier	运算放大器
RES	Resistors	电阻(1kΩ)
LED	Optoelectronics	发光二极管(红色)
SW-ROT-3	Switches & Relays	单刀三掷选择开关

电路原理图中主要器件的连接说明如下。

DAC0832 采用单缓冲方式,且将控制引脚 ILE 固定接+5V 电源,WR2 和 XFER 固定接地,只使用 CS 和 WR1 进行单缓冲写入控制。

电路原理图中的运算放大器按双极性输出连接,输出电压范围为−5V～+5V。

波形选择使用了一个单刀三掷波段开关,按图示连接,三种波形对应的二进制编码分别为三角波 001、锯齿波 010、方波 100。

I/O 地址译码模块的输出引脚 IOY0 作为 DAC0832 的写入地址(配合以 IOW 信号),因此 DAC0832 的地址为 1000H。I/O 地址译码模块的输出引脚 IOY1 作为 74LS244 的允许信号,因此 74LS244 的地址为 1010H。

绘制电路原理图的步骤如下。

(1) 电路原理图中的 8086 模块直接使用 10.2.5 节中已建立的 8086.DSN。方法是将 8086.DSN 复制一个副本,重命名为 lab6.DSN。双击 lab6.DSN 打开。

(2) 单击工具栏上的"导入区域"按钮,导入 10.2.5 节中建立的 I/O 地址译码模块外框图 IOS_M.SEC,将其放置在合适的位置。

(3) 在 I/O 地址译码模块框图上右击,在弹出的快捷菜单中选择"转到子页面"。

(4) 如果子页面中没有出现 I/O 地址译码子电路,则单击工具栏上的"导入区域"按钮,导入 10.2.5 节中建立的 I/O 地址译码子电路模块 IOS_S.SEC,将其放置在合适的位置。

(5) 在子页面中,右击编辑窗口中的空白处,在弹出的快捷菜单中选择"退出到父页面"。

(6) 绘制原理图中的 DAC0832 及其附属电路、74LS244 及其附属电路,完成后保存设计文件。

(7) 放置模拟示波器,放置方法见 10.3 节。

2. 编写程序

参考程序如下:

```
;===============================
change  macro where      ;用于在每个波形周期中检测波形选择开关
    push dx
    mov  dx, 1010h
    in   al, dx          ;读波形选择开关
    pop  dx
```

```
    and  al, 07h
    cmp  al, cwave          ;波形是否要改变
    jz   where              ;若不改变,则继续本波形
    mov  cwave, al          ;否则,保存波形
    jmp  m1                 ;转 m1 判断输出哪种波形
    endm
.model small
.8086
.stack
.code
.startup
main: mov  cvalue, 0        ;波形初值
      mov  dx, 1010h
      in   al, dx
      and  al, 07h
      mov  cwave, al        ;保存所选波形
m1:   cmp  al, 1            ;选择三角波
      jnz  m2
      jmp  tri
m2:   cmp  al, 2            ;选择锯齿波
      jnz  m4
      jmp  saw
m4:   cmp  al, 4            ;选择方波
      jnz  main
      jmp  sqr
;========锯齿波=========;
saw:  mov  dx, 1000h
saw1: mov  al, cvalue
      out  dx, al
      dec  cvalue
      call delay
      change saw1           ;检测波形选择开关
      jmp  saw1
;========三角波=========;
tri:  mov  dx, 1000h
tri1: mov  al, cvalue
      out  dx, al
      call delay
      change tri2           ;检测波形选择开关
tri2: inc  cvalue
      jnz  tri1
      dec  cvalue
tri3: mov  al, cvalue
      out  dx, al
```

```
    call delay
    change tri4        ;检测波形选择开关
tri4: dec  cvalue
    jnz  tri3
    jmp  tri1
;=========方波==========;
sqr:  mov  dx, 1000h
sqr1: mov  al, cvalue
    out  dx, al
    not  cvalue
    mov  cx, 256
sqr2: call delay
    loop sqr2
    change sqr1        ;检测波形选择开关
    jmp  sqr1
;=========================
delay:push cx
    mov  cx, dvalue
    loop $
    pop  cx
    ret
.data
  cvalue db  0         ;当前输出值
  cwave  db  1         ;当前输出波形
  dvalue db  2         ;当前延时参数
end
;=================================
```

输入完毕,将源程序保存为 lab6.asm。

3. 设置编译环境

按表 10-15 设置 8086 模型属性。按 10.1.3 节内容设置编译环境。

表 10-15 设置 8086 模型的属性

属　性	属 性 值
是否使用外部时钟(External Clock)	No
时钟频率(Clock Frequency)	2000kHz
内部存储器起始地址(Internal Memory Start Address)	0x00000
内部存储器容量(Internal Memory Size)	0x10000
程序载入段(Program Loading Segment)	0x0200
程序运行入口地址(BIN Entry Point)	0x02000
是否在 INT 3 处停止(Stop on Int3)	Yes

4. 添加源程序并仿真运行

按 10.1.3 节介绍的方法添加源程序并进行编译。

仿真运行，观察模拟示波器的波形显示。改变波段开关的位置(单击其上、下方的小圆点)观察波形变化。

10.7.6 实验习题

修改程序：

(1) 使产生的波形频率和幅度可调(参考下述方法)。

调节波形频率：增加 4 个开关和一个 74LS244，4 个开关分别选择 4 种频率，在程序中读入开关状态，根据开关修改程序中的 dvalue 变量值。

调节波形幅度：修改 DAC0832 的 VREF 引脚的连接，增加一个可变电阻器，两个固定连接段分别接+5V 和地线，把 DAC0832 的 VREF 引脚改接到可变电阻器的中间插头上。仿真时，调节可变电阻器即可改变波形的幅度。

(2) 能够产生正弦波波形(可将正弦值预先存入一个表中，程序从表中顺序读出正弦值输出到 DAC8253 即可)。

10.7.7 实验报告要求

(1) 将绘制的实验电路原理图的屏幕截图粘贴到实验报告中。

(2) 将仿真运行的屏幕截图粘贴到实验报告中。

(3) 给出实验源程序和程序流程图。

(4) 给出实验习题的电路原理图、流程图、源程序和仿真运行的屏幕截图。

(5) 在实验中遇到的主要问题是什么？你是如何解决的？

(6) 写出实验小结、体会和收获。

*10.8 数字温度计实验

10.8.1 实验目的

(1) 了解温度检测的基本原理。

(2) 掌握温度传感器的使用和编程方法。

10.8.2 实验预习要求

(1) 预习温度传感器 DS18B20 的工作原理、使用和编程方法。

(2) 预先编写好实验中的汇编语言源程序。

10.8.3 实验内容

使用温度传感器 DS18B20 设计一个数字温度计,测温范围为－55℃～125℃。用一个 4 位 7 段数码管显示温度值,用红色 LED 指示加热状态,用绿色 LED 指示保温状态。当温度低于 100℃时处于加温状态,到达 100℃时进入保温状态,再降到 80℃时重新进入加热状态。

采用 8255 作为温度传感器 DS18B20 的接口:其中 B 口和 C 口高 4 位用于连接 7 段数码管。PC_0 引脚用于连接温度传感器 DS18B20。PA_0 和 PA_1 用于连接加热和保温状态指示灯。

10.8.4 实验预备知识

本实验使用的温度传感器采用美国 DALLAS 公司生产的 DS18B20。它是一个单线数字温度传感器芯片,可直接将被测温度转换为串行数字信号。信息通过单线 BUS 接口实现输入/输出,因此微处理器与 DS18B20 仅需连接一条信号线。通过编程,DS18B20 可以实现 9～12 位精度的温度读数。

DS18B20 有 3 个引脚:

DQ:单线 BUS,用于数据输入/输出。

V_{CC}:电源。

GND:地线。

DS18B20 温度测量电路的基本形式如图 10-25 所示。

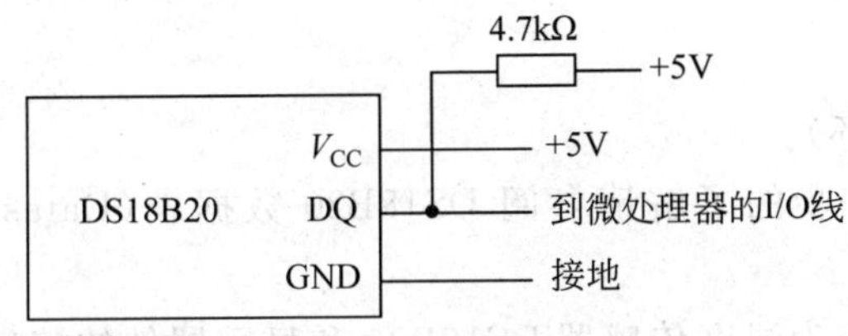

图 10-25 DS18B20 温度测量电路

DS18B20 温度分辨率可通过编程配置,默认为 12 位,如表 10-16 所示。

表 10-16 DS18B20 温度分辨率

分辨率/位	最大转换时间/ms	温度分辨率/℃
9	93.75	0.5
10	187.5	0.25
11	375	0.125
12(默认)	750	0.0625

从 DS18B20 读出的数据共 16 位，包含符号位和温度值，数据表示为补码。12 位分辨率时的格式如下：

	MSB							LSB
低字节：	2^3	2^2	2^1	2^0	2^{-1}	2^{-2}	2^{-3}	2^{-4}

	MSB							LSB
高字节：	S	S	S	S	S	2^6	2^5	2^4

其中：S 为符号位，共 5 位。当符号位为 11111 时，温度为负值。

其他分辨率时，无意义的位为 0。例如，9 位分辨率时，2^{-2}、2^{-3}、2^{-4}位均为 0。

DS18B20 默认配置为 12 位分辨率。微处理器读回 16 位温度信息后首先判断正负，高 5 位为 1 时，读取的温度为负数，对数据求补即可得到温度绝对值；当前 5 位为 0 时，读取的温度为正数。

基于 DS18B20(以下简称 DS)的数字温度计基本工作流程如下：

(1) 复位 DS。

(2) 写 CCH 到 DS——跳过 ROM。

(3) 写 44H 到 DS——启动转换。

(4) 复位 DS18B20。

(5) 写 CCH 到 DS——跳过 ROM。

(6) 写 BEH 到 DS——读数据。

(7) 从 DS 读回温度低字节。

(8) 从 DS 读回温度高字节。

(9) 如果高字节的最高 5 位=11111，则设置负号标志，并对数据求补。

(10) 将温度值转换为十进制存入显示缓冲区。

(11) 上下限处理。

(12) 显示温度。

(13) 转 1(永久循环)。

对 DS18B20 更进一步的了解请参阅 DS18B20 数据表(Datasheet)和相关的应用资料，此处不再赘述。

本实验采用 8255 作为温度传感器 DS18B20 和显示器件的接口：8255 工作在方式 0，B 口和 C 口高 4 位用于连接 7 段数码管。PC_0 引脚作为单线总线传输线，连接到温度传感器 DS18B20 的 DQ 引脚。A 口用于连接加热/保温指示灯和错误指示灯。

10.8.5 实验操作指导

1. 实验电路原理图

数字温度计实验电路原理图如图 10-26 所示。原理图中使用的元件清单见表 10-17(不包括 8086 模块和 I/O 地址译码模块中的元件)。

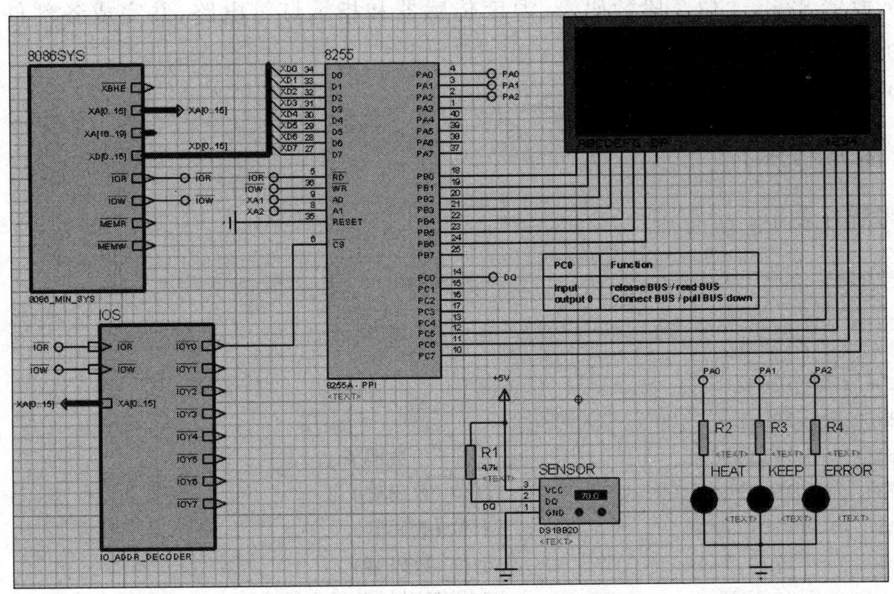

图 10-26　数字温度计实验电路原理图

表 10-17　数字温度计实验电路元件清单

元 件 名 称	所　属　类	功 能 说 明
8255A	Microprocessor ICs	可编程并行接口
7SEG-MPX4-CA-BLUE	Optoelectronics	4 位 7 段数码管
DS18B20	Data Convertors	温度传感器
LED-RED	Optoelectronics	发光二极管(红色)
LED-GREEN	Optoelectronics	发光二极管(绿色)
RES	Resistors	电阻

电路原理图中 8255 的地址为 1000H、1002H、1004H、1006H。

绘制电路原理图的步骤如下：

(1) 电路原理图中的 8086 模块直接使用 10.2.5 节中已建立的 8086.DSN。方法是将 8086.DSN 复制一个副本，重命名为 lab8.DSN。然后双击 lab8.DSN 在 ISIS 中打开。

(2) 单击工具栏上的“导入区域”按钮，导入 10.2.5 节中建立的 I/O 地址译码模块外框图 IOS_M.SEC，将其放置在合适的位置。

(3) 在 I/O 地址译码模块框图上右击，在弹出的快捷菜单中选择“转到子页面”。

(4) 如果子页面中没有出现 I/O 地址译码子电路，则单击工具栏上的“导入区域”按钮，导入 10.2.5 节中建立的 I/O 地址译码子模块电路 IOS_S.SEC，将其放置在合适的位置。

(5) 在子页面中，右击编辑窗口中的空白处，在弹出的快捷菜单中选择“退出到父页面”。

(6) 放置 8255、4 位 7 段数码管、温度传感器和指示灯等电路，并完成各部件之间的连线和元件标签的标注。

(7) 完成后保存设计文件。

2. 编写程序

参考程序如下：

```
;===================================================
I8255_a   =1000h
I8255_b   =1002h
I8255_c   =1004h
I8255_ct  =1006h
loc4      =01111111b                ;符号位(数码管)
loc3      =10111111b                ;百位(数码管)
loc2      =11011111b                ;十位(数码管)
loc1      =11101111b                ;个位(数码管)
with_dot  =80h                      ;本位要附加显示小数点
no_dot    =00h                      ;本位不附加显示小数点
TH        =100                      ;温度上限(停止加热)
TL        =80                       ;温度下限(启动加热)
;===================================================
clear  macro                        ;清显示
       mov dx,I8255_c
       mov al,0ffH
       out dx,al
       endm
bin2seg7 macro num                  ;num 转换为 7 段码(结果在 al 中)
       mov al, num
       lea bx, seg7
       xlat
       endm
disp   macro dot,location           ;显示 AL 中的内容(7 段码)
       or  al, dot                  ;本位是否附加显示小数点
       mov dx, I8255_b
       out dx, al
       mov al, location
       mov dx, I8255_c
       out dx, al
       endm
addc   macro target,dgt             ;一位 BCD 加法,带进位
       mov  al, dgt
       adc  al, target
       aaa
       mov  target, al
```

```
        endm
wrtcmd macro command               ;向 DS18B20 写控制命令
        mov  bl, command
        call write_cmd
        endm
readt   macro loca                 ;从 DS18B20 读回数据
        call read_tmp
        mov  loca, bl
        endm
thres   macro                      ;温度上下限处理
        push ax
        cmp  ax, TH
        jae  above                 ;到达上限
        cmp  ax, TL
        jbe  below                 ;到达下限
        jmp  thres1
above:  and  istat, 0fch           ;到达上限:保温灯亮,加热灯灭
        or   istat, 2
        jmp  thres1
below:  and  istat, 0fch           ;到达下限:加热灯亮,保温灯灭
        or   istat, 1
thres1:mov  al, istat
        mov  dx, I8255_a
        out  dx, al
        pop  ax
        endm
DQ_hi   macro                      ;释放总线,使总线被拉高
        ;设置 C 口低 4 位输入,使 PC0 能够输入来自 DS18B20 的数据
        mov dx, I8255_ct
        mov al, 81h                ;C 口低 4 位设置为输入,其他不变
        out dx, al
        endm
DQ_low macro                       ;连接总线并拉低总线
        ;设置 C 口低 4 位输出,并拉低 PC0(初始化位传输)
        mov dx, I8255_ct
        mov al, 80h                ;C 口低 4 位输出,其他不变
        out dx, al
        mov al, 0
        out dx, al                 ;拉低 PC0,初始化位传输
        endm
delay   macro N                    ;延时(8.5N+5.5)μs(8086@3MHz)
        ;若需延时 T 微秒,则 N=(T-5.5)/8.5
        push  cx                   ;5.5μs
        mov   cx, N                ;2μs
```

```
        loop  $                     ;(8.5N-6)μs
        pop   cx                    ;4μs
        endm
delay10us macro                     ;延时 10μs(实际 9μs)
        nop                         ; 1.5μs * 6
        nop
        nop
        nop
        nop
        nop
        endm
;===================以上为常数和宏过程定义=========================
.model small
.8086
.stack
.code
.startup
        mov dx, I8255_ct            ;初始化 8255
        mov al, 81h                 ;方式 0,A、B 口出,CH出,CL入
        out dx, al
          lea si, tdata
forever:
;=======读入温度值=============================================
        call init                   ;复位温度传感器
          cmp  stat,0
          jz   ok
          or   istat, 4             ;出错,则点亮错误指示灯
          mov  dx,i8255_a
          mov  al,istat
          out  dx,al
          jmp  forever
ok:       wrtcmd 0cch               ;写命令:跳过 ROM
          wrtcmd 044h               ;写命令:启动转换
      call init                     ;复位温度传感器
          wrtcmd 0cch               ;写命令:跳过 ROM
          wrtcmd 0beh               ;写命令:读数据
          readt rdata               ;读低字节保存
          readt rdata+1             ;读高字节保存
;=======温度值转换======
          MOV  SIGN, 0
          MOV  AL, RDATA            ;采样值→AX
          MOV  AH, RDATA+1
          TEST AX, 0F800H           ;温度是否为负值
          JZ   NOSIGN
```

```
        MOV  SIGN, 40H           ;显示负号(负号的 7 段码为 40H)
        NEG  AX                  ;数值求补,得到真值
NOSIGN:
        MOV  CL, 4               ;温度值转换成十进制数
        ROR  AX, CL              ;整数在 AL,小数在 AH 的高 4 位
        MOV  BL, AH              ;小数暂存到 BL
        XOR  AH, AH
        THRES                    ;温度超限处理
;==转换整数部分====
        MOV  CL, 10
        DIV  CL
        MOV  [si+2],AH
        XOR  AH, AH
        DIV  CL
        MOV  [si+1],AH
        MOV  [si+0],AL
;==转换小数部分====
        SHL  BL, 1               ;2^-1位=1?
        JNC  N1
        ADD  BYTE PTR[si+3],5    ;小数+0.5(没有进位)
N1:     SHL  BL, 1               ;2^-2位=1?
        JNC  N2
        ADD  BYTE PTR[si+4],5    ;小数+0.25(没有进位)
        ADD  BYTE PTR[si+3],2
N2:     SHL  BL, 1               ;2^-3位=1?
        JNC  N3
        ADD  BYTE PTR[si+5],5    ;小数+0.125(没有进位)
        ADD  BYTE PTR[si+4],2
        ADD  BYTE PTR[si+3],1
N3:     SHL  BL, 1               ;2^-4位=1?
        JNC  N4
        ADD  BYTE PTR[si+6],5    ;小数+0.0625
        ADD  BYTE PTR[si+5],2
        ADDC BYTE PTR[si+4],6    ;十分位和百分位需考虑进位
        ADDC BYTE PTR[si+3],0

;=======显示温度值==============================================
N4:     mov  cx, 2000            ;显示/采样比(2000:1)
mon:    clear                    ;显示符号位
        mov al, sign
        disp no_dot,loc1
        clear                    ;显示百位
        bin2seg7 [si+0]
        disp no_dot,loc2
```

```
        clear                       ;显示十位
        bin2seg7 [si+1]
        disp no_dot,loc3
        clear                       ;显示个位
        bin2seg7 [si+2]
        disp with_dot,loc4
    loop mon
    jmp forever
;==========================================================================
;复位时序:连接总线并拉低→延时 720μs→释放总线→延时 60μs→读状态→延时 480μs
;==========================================================================
init:   DQ_low
        delay 84                    ;(720-5.5)/8.5=84
        DQ_hi
        delay 6                     ;(60-5.5)/8.5=6
        mov dx,I8255_c
        in  al, dx                  ;从 C 口第 0 位读入 DS18B20 状态
        and al, 1                   ;bit0=0 表示 DS18B20 存在,否则不存在
        mov stat, al
        delay 56                    ;(480-5.5)/8.5=56
        ret
;==========================================================================
;写字节步骤:释放总线→延时 2μs→循环 8 次:输出字节最低位→字节右移 1 位
;写一位时序:连接总线并拉低→延时 10μs→写 0/1
;          写 0:延时 60μs→释放总线
;          写 1:释放总线→延时 60μs
;==========================================================================
write_cmd:                          ;要写的字节在 BL 寄存器中
        DQ_hi
        mov  cx, 8
wloop:  DQ_low
        delay10us
        test bl, 1                  ;从最低位开始输出
        jnz  write1
write0: delay 6                     ;写 0,延迟(60-5.5)/8.5=6
        DQ_hi
        jmp  wloop1
write1: DQ_hi                       ;写 1
        delay 6                     ;(60-5.5)/8.5=6
wloop1: shr  bl, 1
        loop wloop
        ret
;==========================================================================
;读字节步骤:释放总线→延时 2μs→循环 8 次,每次读一位移入寄存器
```

```
;读一位时序:连接总线并拉低→延时 2μs→释放总线→延时 10μs→读入→延时 60μs
;==================================================================
read_tmp:
        mov  bl, 0                  ;读入的字节放在 BL 寄存器
        DQ_hi
        mov  cx, 8
rloop:  DQ_low
        nop
        DQ_hi
        delay10us
        mov  dx, I8255_c
        in   al, dx                 ;读入 DS18B20 状态
        and  al, 1                  ;保留最低位
        rcr  al, 1                  ;移到 CF 中
        rcr  bl, 1                  ;再从 CF 中移到 BL 中
        delay 6                     ;(60-5.5)/8.5=6
        loop rloop
        ret
;==================================================================
.data
  seg7  db 3fh,06h,5bh,4fh,66h,6dh,7dh,07h,7fh,6fh,77h,7ch,39h,5eh,79h,71h
  rdata db 91h,01h                  ;读入的温度值(25℃)
  tdata db 7 dup(0)                 ;十进制温度值(xxx.xxxx),此程序未显示小数位
  sign  db 40h                      ;温度正负号的 7 段码(正号为 0,负号为 40h)
  stat  db 0                        ;DS18B20 是否正常
  istat db 1                        ;当前指示灯状态
end
;==================================================================
```

输入完毕,将源程序保存为 lab8.asm。

3. 仿真运行

(1) 设置仿真环境,8086 的时钟频率设置为 3MHz,其余同 10.4 节。

(2) 按 10.1.3 节所介绍的方法添加源程序并进行编译。

(3) 单击温度传感器上的温度调节钮,观察数码管和指示灯的显示。

10.8.6 实验习题

(1) 修改电路和程序,增加对温度上下限进行设置并显示的功能。

(2) 修改电路和程序,用 8253 硬件延时代替程序中的软件延时。

10.8.7 实验报告要求

(1) 将绘制的实验电路原理图的屏幕截图粘贴到实验报告中。

(2) 将仿真运行的屏幕截图粘贴到实验报告中。

(3) 给出实验源程序和流程图，给出实验习题的电路原理图、源程序和仿真运行截图。

(4) 在实验中遇到的主要问题是什么？你是如何解决的？

(5) 写出实验小结、体会和收获。

第11章 微机接口实验

11.1 微机接口实验环境简介

本章所述的硬件接口电路实验基于西安唐都科教仪器公司生产的 TD-PITC 实验箱。

11.1.1 实验箱概述

TD-PITC 实验箱支持 8 位、16 位和 32 位微机接口实验以及 51 系列单片机接口实验。该实验箱需配合 PC 使用，其内部包含独立电源，采用排线和单线混合连线方式。

TD-PITC 实验箱提供了 80X86 系统总线的大多数信号，其中包括 16 位数据总线信号和 20 位地址总线信号。控制总线信号包括 I/O 片选和读/写信号、存储器片选和读/写信号、DMA 总线控制信号(HOLD、HLDA)、中断请求信号、系统时钟信号、系统复位信号等。

TD-PITC 实验箱还提供了 8237DMAC、8254PTC、8255、8251、A/D、D/A、存储器等常用接口电路单元和键盘阵列与数码管单元、开关及 LED 显示单元、点阵 LED 显示单元、电子发声单元、直流电机、步进电机及温度控制单元等外部设备。

需要指出的是，TD-PITC 实验箱已在内部完成了存储器译码和 I/O 译码电路设计，并对外提供译码输出。由于每台微机的 PCI 总线配置不同，实验箱上 I/O 译码电路的 4 个译码输出(IOY0、IOY1、IOY2 和 IOY3)所对应的 I/O 基地址也可能有所不同，实验者在做实验时应通过 Tdpit 集成操作软件查看它们所对应的 I/O 基地址。4 个译码输出(IOY0、IOY1、IOY2 和 IOY3)的地址范围如表 11-1 所示。

表 11-1　I/O 译码输出所对应的地址范围

片选信号	片选信号对应的 I/O 基地址	片选信号对应的偏移地址范围
IOY0	在 Tdpit 集成操作软件中查看	00～3FH
IOY1		40～7FH
IOY2		80～BFH
IOY3		C0～FFH

TD-PITC 实验箱的结构如图 11-1 所示。其中：

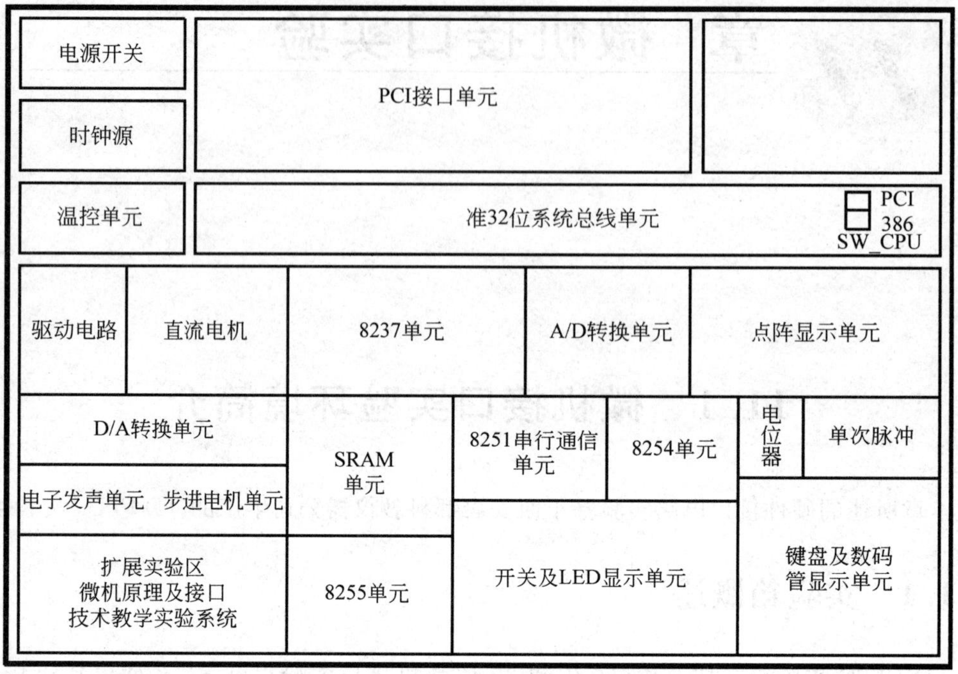

电源开关
PCI接口单元
时钟源
温控单元
准32位系统总线单元
PCI
386
SW_CPU
驱动电路
直流电机
8237单元
A/D转换单元
点阵显示单元
D/A转换单元
SRAM单元
8251串行通信单元
8254单元
电位器
单次脉冲
电子发声单元
步进电机单元
键盘及数码管显示单元
扩展实验区
微机原理及接口技术教学实验系统
8255单元
开关及LED显示单元

图 11-1　TD-PITC 实验箱平面结构图

- 电源开关：位于实验箱的左上角。
- 时钟源：位于电源开关的下方。它的三个输出端分别提供了 1.8432MHz、184.32kHz 和 18.432kHz 的脉冲时钟信号供各实验使用。
- PCI 接口：位于实验箱最上面的中间部位。
- 系统总线：位于 PCI 接口的下方。实验中所需的总线信号都要从系统总线上用连线引出。

以下是本书的实验所涉及的接口单元和设备单元。

- A/D 转换单元：位于 PCI 接口下方的 8237 单元和点阵显示单元之间。本书中的 A/D 转换实验需要用到这个接口单元。
- 8254 单元：位于开关及 LED 显示单元的右上方。本书中的 8254 定时/计数器应用实验和电子发声实验需要用到这个接口单元。
- 电子发声单元：位于实验箱的左下方。本书中的电子发声实验需要用到这个设备单元。
- 步进电机单元：本书中的步进电机控制实验需要用到这个设备单元。
- 8255 单元：本书中的 8255 可编程并行接口应用实验和步进电机控制实验需要用到这个接口单元。
- 开关及 LED 显示单元：本书中的许多接口实验都要用到这个设备单元。
- 温控单元：本书中的温度闭环控制实验需要用到这个设备单元。

11.1.2　Tdpit 集成操作软件简介

1. Tdpit 的主界面

Tdpit 集成操作软件是在 Windows XP 操作系统下进行汇编和 C 语言接口实验的集成编辑调试环境。它允许用户在该环境下编辑、编译、运行和调试汇编及 C 语言程序。

软件的主界面如图 11-2 所示。界面分为两部分：程序编辑区和结果信息栏。

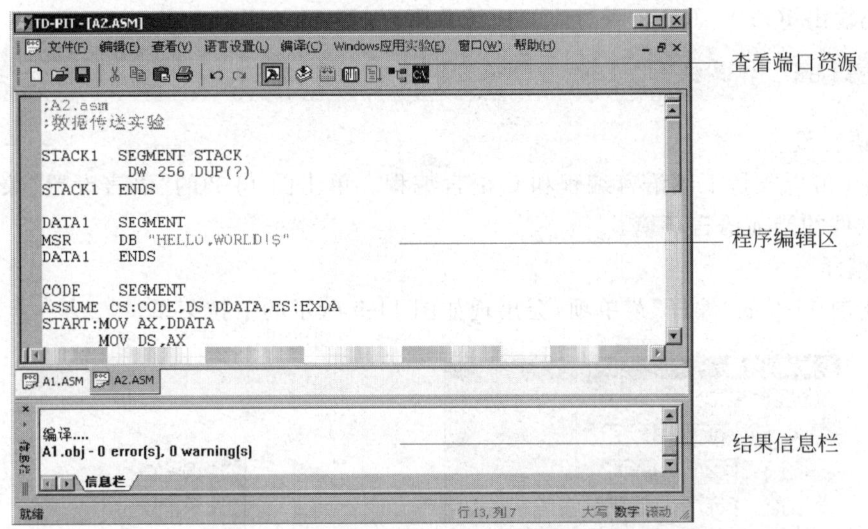

图 11-2　Tdpit 集成操作软件运行界面

1）程序编辑区

位于界面上部区域，用户可在程序编辑区用“新建”命令打开一个新文档或用“打开”命令打开一个已存在的文档，在文档中用户可编辑程序。用户可在程序编辑区打开多个文档，单击文档标签可激活任意一个文档。编译、链接、加载以及调试命令只针对当前活动文档。用户调试程序时，将切换到调试界面中，调试界面如图 11-3 所示，它实际上就是

图 11-3　调试界面窗口

打开了 TD.EXE 调试工具。

2）结果信息栏

位于界面下部，主要显示编译和链接的结果，如果编译时出现错误或警告，双击错误或警告信息，错误标识符会指示到相应的有错误或警告的代码行。

2. 主要菜单项与工具栏

1）查看端口资源

图 11-2 中的“查看端口资源”按钮用于查看分配给实验系统的端口地址资源，即 4 个 I/O 译码输出 IOY0～IOY3 所对应的地址范围，如图 11-4 所示。

注意： 每台计算机上分配的 I/O 地址范围不一定相同。

2）语言设置

Tdpit 可以支持汇编语言编程和 C 语言编程。单击图 11-2 的“语言设置”菜单项，可以设置软件的当前语言环境。

3）编译

单击图 11-2 的“编译”菜单项，会出现如图 11-5 所示的下拉菜单。

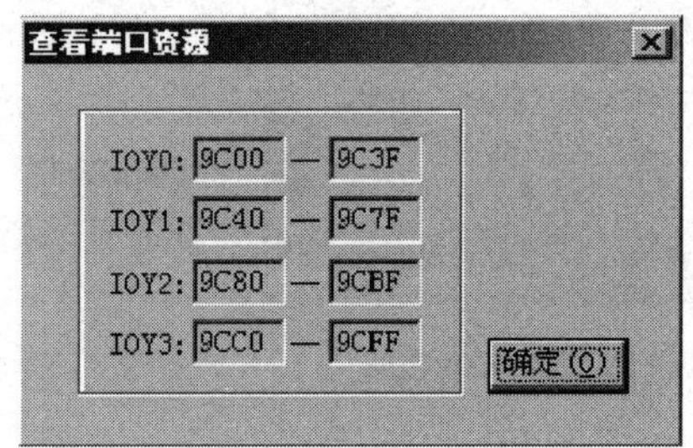

图 11-4　查看端口地址资源

图 11-5　“编译”菜单项

(1) 编译：编译当前活动文档窗口中的源程序，在源文件目录下生成目标文件。如果有错误或警告生成，则在输出区显示错误或警告信息，双击错误或警告信息，可定位到有错误或警告的代码行，修改有错误或警告的代码行后应重新编译。编译时自动保存源文件中所做的修改。

(2) 链接：链接编译生成的目标文件，在源文件目录下生成可执行文件。如果有错误或警告生成，则在输出区显示错误或警告信息，查看错误或警告信息修改源程序，修改后应重新编译和链接。

(3) 运行：执行当前链接成功的可执行程序。当前激活的程序编译链接成功或者该程序已经编译过，可执行程序已经存在，这时就可运行该程序了。

(4) 调试：打开调试环境（TD.EXE）进行当前程序的调试。每次打开或者新建一个新的程序，都必须先进行编译链接，然后才可以执行该操作，进入调试环境。调试完毕后按 Alt+X 键退出调试环境。TD 调试环境的操作详见附录。

4）帮助

利用“帮助”菜单项，可以查阅 Tdpit 的参考资料、实验相关信息及 Tdpit 版本的版权通告和版本号码。Tdpit 系统为每个实验提供了详细的实验说明及相关的实验原理，参考设计流程及实验步骤和实验接线等。

5）工具栏

除 Windows 标准工具栏外，Tdpit 系统还提供了编译工具栏。编译工具栏共有 6 个按钮，如图 11-6 所示。

图 11-6 "编译"工具栏

"编译"按钮：编译活动文档中的源程序，在源文件目录下生成目标文件。

"链接"按钮：链接目标文件，在源文件目录下生成可执行文件。

"运行"按钮：执行当前链接成功的可执行程序。

"调试"按钮：打开调试环境进行当前程序的调试。

"查看端口资源"按钮：查看实验系统被分配的端口地址资源。

"进入 DOS 环境"按钮：进入 DOS 环境进行命令行操作。

11.1.3 硬件实验注意事项

（1）连接电路之前必须关掉实验台电源。

（2）连接排线时，要注意排线两个插头所对应的线序要一致。

（3）编写程序时，程序中使用的 I/O 端口地址应与系统分配的地址范围一致，具体地址可通过在 Tdpit 集成操作软件中查看端口地址资源分配获得。

（4）完成了实验线路的连接，并打开控制台电源后，方可进行实验程序的编译、链接及调试运行。

11.2 8254 定时/计数器基本应用实验

11.2.1 实验目的

（1）掌握 8254 的工作方式及应用编程。

（2）掌握 8254 的典型应用。

11.2.2 实验预习要求

（1）复习 8254 的功能和编程方法。

（2）事先编写好实验中的程序。

11.2.3 实验内容

（1）定时应用实验。利用 8254 计数器产生 1Hz 连续方波。

(2) 计数应用实验。利用 8254 的计数功能,用开关 KK1＋产生计数脉冲信号,并在屏幕上显示当前开关被按下的次数(计数值)。

11.2.4 实验预备知识

8254 是 Intel 公司生产的可编程定时计数器,是 8253 的改进型号,与 8253 有相同的内部结构并完全兼容,同时具有更优良的性能。与 8253 相比,8254 从应用层面上的主要特性是**拥有 8253 所不具备的读回命令,除了可以读出当前计数单元的内容外,还可以读出状态寄存器的内容。**

因此,8254 **有两个控制字**:

(1) 方式控制字。用于设置计数器的工作方式,其格式和用法与 8253 完全兼容。

(2) 读回控制字(8254 特有)。用于设置读回命令。

这两个控制字共用一个 I/O 地址,由 D_7、D_6 标识位来区分。方式控制字和读回控制字格式分别如表 11-2 和表 11-3 所示。

表 11-2 8254 方式控制字格式

D_7	D_6	D_5	D_4	D_3	D_2	D_1	D_0
计数器(通道)选择		读写格式选择		工作方式选择			计数制选择
00-计数器 0 01-计数器 1 10-计数器 2 11-读回控制字标志		00-锁存计数值 01-读/写低 8 位 10-读/写高 8 位 11-先读/写低 8 位再读/写高 8 位		000-方式 0 001-方式 1 010-方式 2 011-方式 3 100-方式 4 101-方式 5			0-二进制数 1-十进制数

表 11-3 8254 读出控制字格式

D_7	D_6	D_5	D_4	D_3	D_2	D_1	D_0
1	1	0-锁存计数值	0-锁存状态信息	计数器选择 D_3＝1 选通道 2 D_2＝1 选通道 1 D_1＝1 选通道 0			0

读回控制字不仅可用于控制读出各计数器通道的当前计数值,还可用于读出各计数器通道的当前工作状态。当读回控制字的 D_5 位为 0 时,由该读回控制字 D_1～D_3 位指定的计数器的当前计数值将被锁存到 8254 的暂存寄存器中。当读回控制字的 D_4 位为 0 时,由该读回控制字 D_1～D_3 位指定的计数器的状态将被锁存到 8254 的状态寄存器中。读回的状态字格式及含义如表 11-4 所示。

8254 初始化时所需的计数初值 N 有两种计算方法。

(1) 用输入脉冲和输出脉冲的频率比值计算:

$$N = f_{CLKi} \div f_{OUTi}$$

表 11-4　8254 状态字格式

D_7	D_6	D_5	D_4	D_3	D_2	D_1	D_0
OUT 引脚当前状态 1-高电平 0-低电平	计数初值是否装入 1-计数值无效 0-计数值有效	初始化编程时写入的方式控制字的 D_5～D_0 位					

其中，f_{CLKi}是输入脉冲的频率，f_{OUTi}是输出脉冲的频率。

(2) 用输入脉冲和输出脉冲的周期比值计算：

$$N = T_{OUTi} \div T_{CLKi}$$

具体到应用中，如果输出是连续波形(工作方式 2、3)，建议用第(1)种方法计算；如果输出是单一波形，建议用第(2)种方法计算。

11.2.5　实验操作指导

1. 定时应用实验

(1) 参考图 11-7 所示连接实验线路(图中虚线及 $GATE_0$ 端需要自行连线)。

(2) 运行 Tdpit 集成操作软件，查看端口资源分配情况。记录与所使用片选信号对应的 I/O 端口地址。

(3) 编写 8254 初始化程序，设置适当计数初值，使 8254 的计数器通道 0 输出 1Hz 的连续方波。可通过 OUT_0 端连接的发光二极管来观察输出脉冲的频率。

(4) 编译、链接、运行，观察结果。

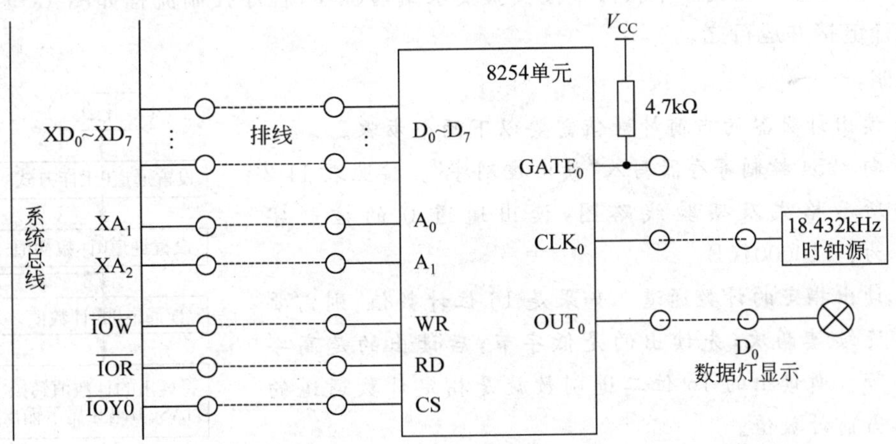

图 11-7　8254 定时应用实验接线图

2. 计数应用实验

作为定时/计数器，8254 与 8253 相同，除了定时还可以实现计数。在当需要对外部事件进行计数时，可设法使每一次外部事件产生一个单脉冲，对该单脉冲的计数就相当于对外部事件进行计数。本实验用单脉冲单元模拟外部事件的产生，用 8254 对单脉冲单元输出的脉冲进行计数。

要求：将 8254 的计数器 0 设置为方式 0，计数初值设为 9，然后循环读出计数器的当前计数值，并显示在屏幕上。

实验步骤如下：

(1) 参考图 11-8 连接实验线路。

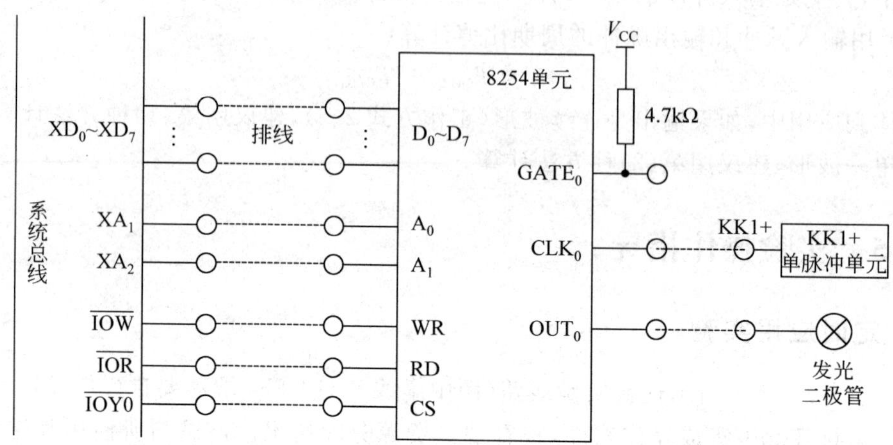

图 11-8　8254 计数应用实验电路接线图

(2) 运行 Tdpit 集成操作软件，查看端口资源分配情况。记录与所使用片选信号对应的 I/O 端口地址。

(3) 在 Tdpit 集成操作软件中按实验要求编写程序(程序控制流程如图 11-9 所示)，然后编译链接并运行之。

说明：

① 读出计数器的当前计数值需要以下两个步骤。

- 向 8254 控制寄存器写入"读出控制字"。按照表 11-2 所示格式及实验线路图，读出通道 0 的控制字为：11000010B。
- 读出指定的计数通道。如果是 16 位计数值，则需要连续读两次，先读出的是低字节，后读出的是高字节。所读出的 16 位二进制数就是指定计数通道的当前计数值。

② 测试有无按键可使用 BIOS 功能调用 INT 16H。

(4) 按动 KK1＋微动开关，观察屏幕上的计数显示和发光二极管的亮灭变化。

实验采用微动开关 KK1＋输出的单脉冲作为 CLK_0 时钟，OUT_0 连接至发光二极管。程序运行时，用手按动微动开关 KK1＋产生单脉冲使 8254 进行减 1 计数，观察屏幕上

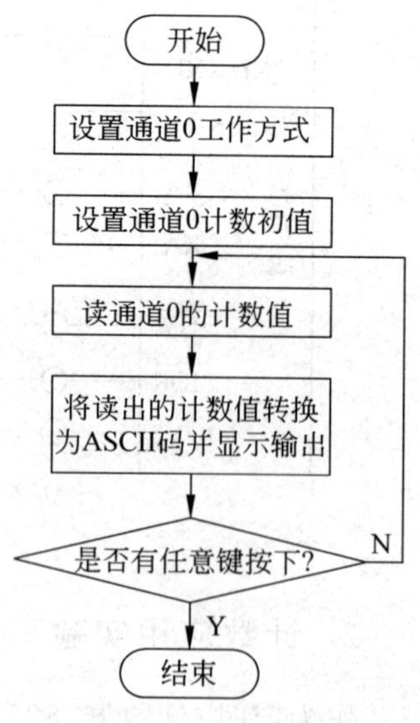

图 11-9　8254 计数应用实验参考流程图

显示的通道 0 的当前计数值，并同时通过发光二极管观察 OUT_0 的电平变化（当输入 $N+1$ 个脉冲后 OUT_0 变高电平）。如果要显示 KK1+的按动次数，在程序中可以用初值减去读出的当前计数值，然后再显示即可。

思考：若计数初值大于 9，应如何显示计数值？

11.2.6 实验提示

(1) 首先查看所使用片选信号对应的 I/O 端口起始地址。

(2) 可以利用 EQU 伪指令按如下方式定义 8254 各端口（注：其中的 I/O 端口起始地址应根据上述查看出的实际地址进行修改）。

```
IOY0  EQU  <I/O 端口起始地址>
MY8254_COUNT0  EQU  IOY0+00H*2   ;8254 计数器 0 端口地址
MY8254_COUNT1  EQU  IOY0+01H*2   ;8254 计数器 1 端口地址
MY8254_COUNT2  EQU  IOY0+02H*2   ;8254 计数器 2 端口地址
MY8254_MODE    EQU  IOY0+03H*2   ;8254 控制寄存器端口地址
```

(3) 也可以利用查看出的实际地址在程序中直接给出 8254 各端口地址。

11.2.7 实验习题

要求 8254 计数通道 0 每间隔 3 秒输出 1 个与时钟脉冲周期相同的负脉冲，试画出电路连接图，并编写初始化程序。

11.2.8 实验报告要求

(1) 根据程序流程图编写实验中的程序。

(2) 总结 8254 各种工作方式的特点。

(3) 完成实验习题。

*11.3 电子发声实验

11.3.1 实验目的

学习使用 8254 定时/计数器使扬声器发声的编程方法。

11.3.2 实验预习要求

(1) 复习 8254 的功能和编程方法，阅读理解实验中的电子发声原理。

(2) 事先编写好实验中的程序。

11.3.3 实验内容

根据实验提供的音乐频率表和时间表，编写程序控制 8254，使其输出连接到扬声器上能发出相应的乐曲。

11.3.4 实验预备知识

音乐中的每一个音符都对应一个频率，将对应的音符频率的连续波形发送到扬声器，就可以发出这个音符的声音。电子声音通常使用的波形是正弦波。为简单起见，本实验采用了方波来代替正弦波，这并不影响读者对电子发声原理的理解。

音乐中音符与频率的对照关系如表 11-5 所示，其中给出了低、中、高 3 个 8 度音区的频率值。将一段乐曲的音符对应频率的方波依次发送到扬声器，就可以播放出这段乐曲。再调节发出方波的时间，就可控制节拍的长短。

表 11-5 音符与频率对照表(单位：Hz)

音调＼音符	$\underset{\cdot}{1}$	$\underset{\cdot}{2}$	$\underset{\cdot}{3}$	$\underset{\cdot}{4}$	$\underset{\cdot}{5}$	$\underset{\cdot}{6}$	$\underset{\cdot}{7}$
A	221	248	278	294	330	371	416
B	248	278	312	330	371	416	467
C	131	147	165	175	196	221	248
D	147	165	185	196	221	248	278
E	165	185	208	221	248	278	312
F	175	196	221	234	262	294	330
G	196	221	248	262	294	330	371
音调＼音符	**1**	**2**	**3**	**4**	**5**	**6**	**7**
A	441	495	556	589	661	742	833
B	495	556	624	661	742	833	935
C	262	294	330	350	393	441	495
D	294	330	371	393	441	495	556
E	330	371	416	441	495	556	624
F	350	393	441	467	525	589	661
G	393	441	495	525	589	661	742
音调＼音符	$\dot{1}$	$\dot{2}$	$\dot{3}$	$\dot{4}$	$\dot{5}$	$\dot{6}$	$\dot{7}$
A	882	990	1112	1178	1322	1484	1665
B	990	1112	1248	1322	1484	1665	1869
C	525	589	661	700	786	882	990
D	589	661	742	786	882	990	1112

续表

音调＼音符	1̇	2̇	3̇	4̇	5̇	6̇	7̇
E	661	742	833	882	990	1112	1248
F	700	786	882	935	1049	1178	1322
G	786	882	990	1049	1178	1322	1484

在实验中要发出电子声音，需要解决两个问题：一是如何产生所需频率的方波；二是如何控制方波的持续时间。

对于第一个问题，我们可以利用 8254 的方式 3——"方波发生器"来产生乐曲中每个音符所对应频率的方波。当输入时钟频率固定时，根据输出方波频率就可计算出所需的计数初值，将计数初值写入计数器通道，就可产生所需频率的方波。计数初值的计算方法如下。

计数初值＝输入时钟频率÷输出方波频率

例如，当输入时钟采用系统总线上的 CLK(1.041 667MHz)时，要得到 800Hz 的输出频率，计数初值应为 1 041 667÷800≈1302。

对于第二个问题，最简单的方法就是通过软件延时来控制每一个音符演奏时间的长短。首先需要设计一个单位延时子程序 DELAY(本实验中，每个单位延时对应 1/4 拍)。然后根据每个音符所需的演奏时间，计算出需要几个单位延时(用 N 表示)。将 N 值作为参数，循环调用 N 次 DELAY 子程序即可。

下面给出了延时 1 个单位的子程序和延时 N 个单位的子程序，作为实验中的参考。

```
;单位延时子程序
DELAY PROC
D0:   MOV  CX,200H
D1:   MOV  AX,0FFFFH
D2:   DEC  AX
      JNZ  D2
      LOOP D1
      RET
DELAY ENDP
```

```
;延时 N 个单位子程序(入口:DL=N)
DELAY_N PROC
   DN: CALL DELAY ;延时 1 个单位
       DEC  DL    ;单位个数减 1
       JNZ  DN    ;若不为 0,继续
       RET        ;否则结束,退出
DELAY_N ENDP
```

以下是乐曲《友谊地久天长》的频率表和时间表，在编写程序时可直接将它们定义在数据段中。频率表是曲谱中的各个音符对应的频率值(B 调、2/4 拍)，时间表是各个音符发音的相对时间长度(由曲谱中节拍计算得出)。

```
FREQ_LIST  DW  371,495,495,495,624,556,495,556,624       ;频率表
           DW  495,495,624,742,833,833,833,742,624
           DW  624,495,556,495,556,624,495,416,416, 371
           DW  495,833,742,624,624,495,556,495,556, 833
           DW  742,624,624,742,833,990,742,624,624, 495
           DW  556,495,556,624,495,416,416,371,495, 0
```

```
TIME_LIST DB 4,  6,  2,  4,  4,  6,  2,  4,  4         ;时间表
          DB 6,  2,  4,  4,  12, 1,  3,  6,  2
          DB 4,  4,  6,  2,  4,  4,  6,  2,  4,  4
          DB 12, 4,  6,  2,  4,  4,  6,  2,  4,  4
          DB 6,  2,  4,  4,  12, 4,  6,  2,  4,  4
          DB 6,  2,  4,  4,  6,  2,  4,  4,  12
```

频率表和时间表中的数据是一一对应的,频率表最后一项的"0"用作乐曲结束标志。演奏乐曲时,每产生一个音符,就要从频率表中取出一个频率值,根据输入脉冲频率即可计算出相应的计数初值(输入脉冲若使用总线上频率为 1.041 667MHz 的 CLK 信号,计算计数初值时的被除数应取 1 041 667;输入脉冲若使用脉冲源提供的 1.843 2MHz 信号,计算计数初值时的被除数应取 1 843 200)。将计算出来的计数初值写入 8254 的计数通道就可以发出所需频率的音符。接着从时间表中取出相应的相对时间长度,将其作为参数调用延时 N 个单位子程序来得到音符持续时间。一个音符演奏结束,再取出下一个音符的频率值和时间值按上述同样的方法处理,直到取出的频率值为 0,即可结束演奏。

11.3.5 实验操作指导

(1) 运行 Tdpit 集成操作软件,查看端口资源分配情况。记录与所使用片选信号对应的 I/O 端口始地址。

(2) 参考图 11-10 所示连接实验线路。注意:8254 的输入时钟脉冲也可以采用实验台上的 1.843 2MHz 时钟源,但程序中计算计数初值时的被除数也必须进行相应改动。

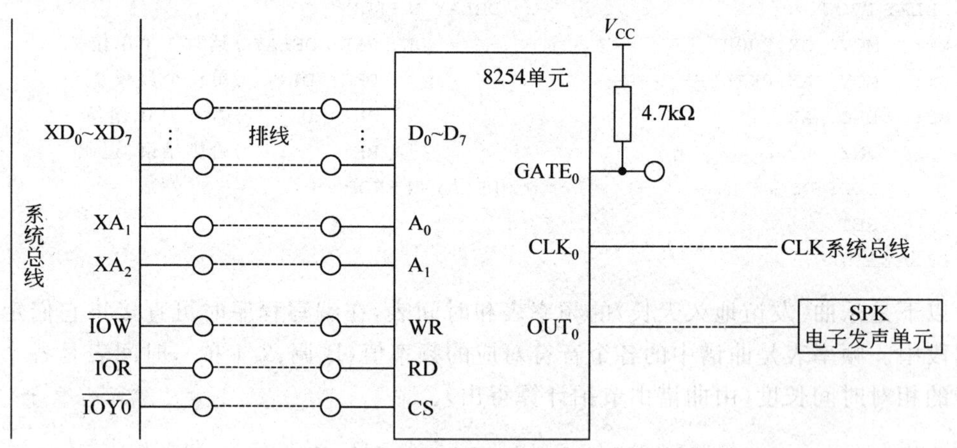

图 11-10 电子发声实验接线图

(3) 编写控制程序(参考流程如图 11-11 所示)。请注意:流程图是循环反复演奏,实验中也可以修改为只演奏一遍。

(4) 编译、链接、运行程序,聆听扬声器发出的音乐是否正确。

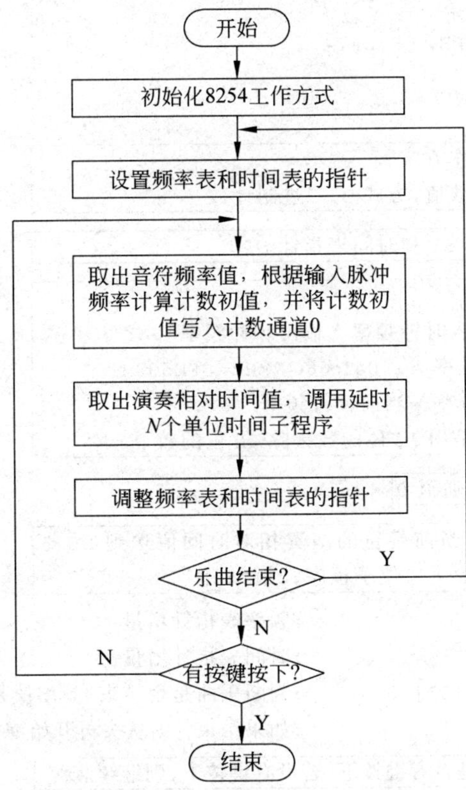

图 11-11　电子发声实验程序流程图

11.3.6　实验提示

(1) 首先查看所使用片选信号对应的 I/O 端口起始地址。

(2) 可以利用 EQU 伪指令按 11.2.6 节的方式定义 8254 各端口，可以利用查看出的实际地址在程序中直接给出 8254 端口地址。

(3) 程序框架如下。

```
;********请根据查看到的端口地址修改下面的 IOY0 符号值****************
IOY0          EQU  <I/O 端口起始地址>
;*****************************************************************
MY8254_COUNT0 EQU  IOY0+00H*2    ;8254 计数器 0 端口地址
MY8254_COUNT1 EQU  IOY0+01H*2    ;8254 计数器 1 端口地址
MY8254_COUNT2 EQU  IOY0+02H*2    ;8254 计数器 2 端口地址
MY8254_MODE   EQU  IOY0+03H*2    ;8254 控制寄存器端口地址

DATA   SEGMENT
       <定义频率表和时间表>
DATA   ENDS
```

```
CODE  SEGMENT
      ASSUME  CS:CODE, DS:DATA
MAIN: MOV AX,DATA
      MOV DS,AX
```

初始化 8254 工作方式： 通道 0:16 位计数值，方式 3，二进制计数

BEGIN:

设置频率表指针 SI 和时间表指针 DI

PLAY:

计算计数初值： 计数初值=输入时钟频率÷输出脉冲频率 • 输入时钟频率 =1.041 666 7MHz=0FE502H • 输出脉冲频率 =当前音符频率 注意，这个除法是用 16 位的数去除 32 位的数

将计数初值写入通道 0

从时间表中取出当前音符的演奏相对时间值送到 DL 寄存器，调用延时 *N* 个单位子程序：DELAY_N

```
      ADD SI, 2                 ;频率表指针增量
      INC DI                    ;时间表指针增量
      CMP  WORD PTR [SI],0      ;判断乐曲是否结束（频率值是否为 0）
      JZ BEGIN                  ;如果结束，则从头再开始演奏
```

判断 PC 键盘上是否有键按下，若没有键按下，则继续演奏

```
QUIT: MOV  DX, MY8254_MOD       ;若有键按下，则退出
      MOV  AL,10H               ;退出前置通道 0 为方式 0,OUT0 输出 0
      OUT  DX,AL
      MOV  AH, 4CH
      INT  21H
```

延时 *N* 个单位子程序

```
CODE  ENDS
      END MAIN
```

11.3.7 实验习题

仿照本实验，设计发出救护车或警车警笛声音的程序（提示：只需高音和低音两个音符，高音和低音的延时也是相同的，电路无须改动）。

11.3.8 实验报告要求

(1) 根据程序流程图写出实验中的程序。

(2) 给出 8254 在你所学专业中的一个实际应用，并描述你的解决方案。

(3) 完成实验习题。

(4) 对本实验进行小结,总结用 8254 演奏音乐的方法。

11.4 8255 可编程并行接口基本应用实验

11.4.1 实验目的

(1) 掌握 8255 的工作方式及应用编程。

(2) 掌握 8255 的典型应用。

11.4.2 实验预习要求

(1) 复习 8255 的功能和编程方法。

(2) 事先编写好实验中的程序。

11.4.3 实验内容

(1) 基本输入输出实验。编写程序,使 8255 的 A 端口为输出,B 端口为输入,完成拨动开关到发光二极管灯的数据传输。要求只要拨动开关,发光二极管的亮灭就随开关状态的变化而变化。

(2) 流水灯显示实验。编写程序,设置 8255 的 A 端口和 B 端口均为输出,控制 16 个发光二极管循环点亮。

11.4.4 实验预备知识

并行接口允许在 CPU 与 I/O 设备(或被控制对象)之间每次传送多位信息。CPU 和接口之间的数据传送总是并行的,即可以同时传递 8 位、16 位和 32 位等。8255 可编程并行接口芯片是 Intel 公司生产的通用并行 I/O 接口芯片,它具有 A、B、C 3 个 8 位并行端口,能在以下 3 种方式下工作:方式 0——基本输入/输出方式、方式 1——选通输入/输出方式、方式 2——双向选通工作方式。

11.4.5 实验操作指导

1. 基本输入输出实验

(1) 运行 Tdpit 集成操作软件,查看端口资源分配情况。记录与所使用片选信号对应的 I/O 端口起始地址。

(2) 参考图 11-12 完成电路图连接。

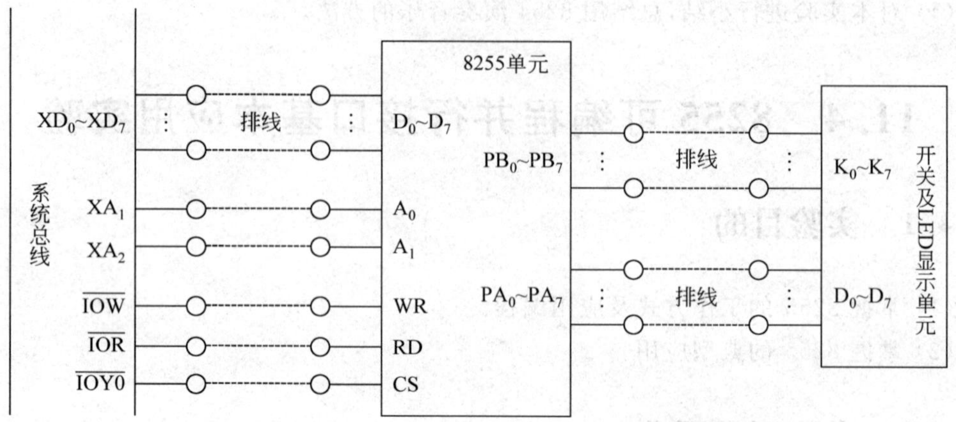

图 11-12 8255 基本应用实验(1)接线图

(3) 编写包括 8255 初始化程序在内的控制程序。要求：设置 8255 端口 A 和端口 B 均工作于方式 0;B 端口作为输入口连接一组拨动开关,输入开关状态；A 端口作为输出口连接一组发光二极管,控制发光二极管的亮灭。程序参考流程如图 11-13 所示。

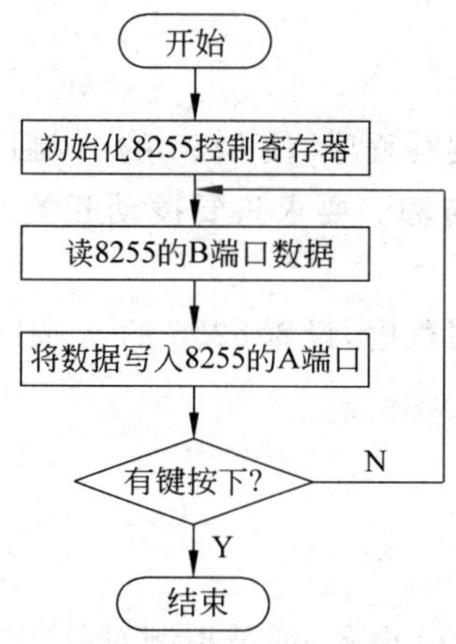

图 11-13 8255 基本应用实验(1)程序流程图

(4) 编译链接后,运行程序,拨动开关,观察发光二极管显示是否正确。

2. 流水灯显示实验

本实验利用 8255 可编程芯片控制发光二极管,实现流水灯显示效果。

(1) 运行 Tdpit 集成操作软件,查看端口资源分配情况。记录与所使用片选信号对应的 I/O 端口起始地址。

(2) 参考图 11-14 所示线路图完成线路连接。

(3) 编写控制程序,实现流水灯的显示。设置 8255 端口 A 和 B 均工作于方式 0,并作为输出口连接到 D_0～D_{15} 共 16 个 LED 灯上。编写包括 8255 初始化程序在内的控制程序,使 16 个 LED 灯依次循环点亮,实现流水灯显示效果。程序参考流程如图 11-15 所示。

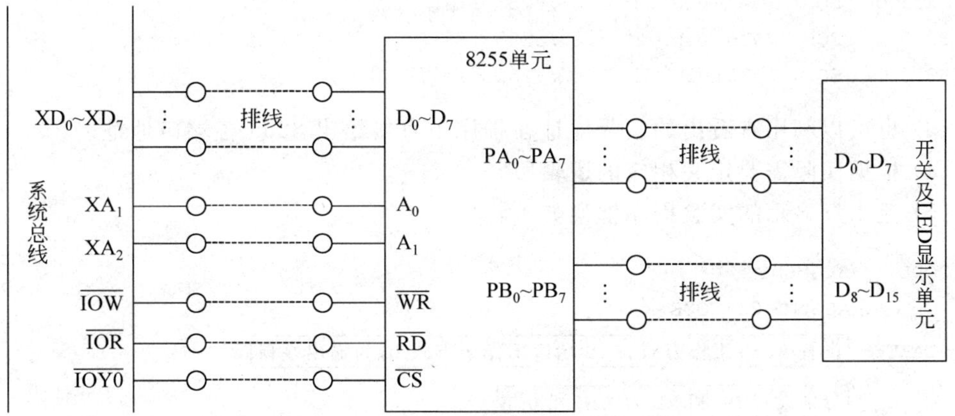

图 11-14　8255 基本应用实验(2)接线图

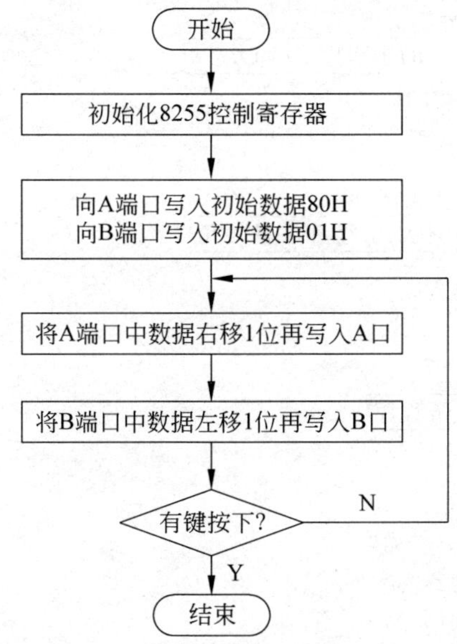

图 11-15　8255 基本应用实验(2) 程序流程图

(4) 编译链接后，运行程序，看数据灯显示是否正确。利用查出的地址编写程序，然后编译链接。

11.4.6　实验提示

(1) 首先查看所使用片选信号对应的 I/O 端口起始地址。

(2) 可以利用 EQU 伪指令按如下方式定义 8255 各端口(注：其中的 I/O 端口起始地址根据上述查看出的实际地址进行修改)。

```
IOY0  EQU  <I/O 端口起始地址>
8255_A   EQU  IOY0+00H×2        ;8255 A 端口
```

```
8255_B   EQU  IOY0+01H×2        ;8255 B端口
8255_C   EQU  IOY0+02H×2        ;8255 C端口
8255_CT  EQU  IOY0+03H×2        ;8255控制寄存器
```

(3) 也可以利用查看出的实际地址在程序中直接给出 8255 各端口地址。

(4) 根据实际需要定义相应的逻辑段。

(5) 流水灯显示的实验程序框架如下：

```
CODE    SEGMENT
        ASSUME CS:CODE
START:  [设置8255工作方式,A、B端口工作于方式0,为输出端口]
        [分别设置BH和BL为80H和01H]
GOON:   [写BH值到A端口]
        [写BL值到B端口]
        [调用延时N个单位的子程序：DELAY_N]
        MOV  AH,1
        INT  16H
        JNZ  EXIT
        [将BH循环右移1位,BL循环左移1位]
        JMP  GOON
EXIT:   MOV  AH,4CH
        INT  21H
        [延时N个单位的子程序]
CODE    ENDS
        END START
```

11.4.7 实验习题

(1) 如果希望将 16 个发光二极管作为整体进行流水灯显示(即 16 个灯中每次只亮 1 个灯)，程序应如何修改？编程验证之。

(2) 如果希望将 16 个发光二极管中每次点亮 8 个(间隔 1 个灯)，程序应如何修改？编程验证之。

(3) 更一般的情况，如果希望将 16 个发光二极管中每次点亮 n 个(间隔 1 个灯，$1\leqslant n\leqslant 8$)，程序应如何修改？编程验证之。

11.4.8 实验报告要求

(1) 写出程序框架中各方框中的程序段。

(2) 完成实验习题。

(3) 对本实验进行小结,总结 8255 的应用方法。

*11.5 步进电机控制实验

11.5.1 实验目的

(1) 了解步进电机控制的基本原理,掌握步进电机的控制方法。

(2) 掌握使用 8255 控制步进电机的方法。

11.5.2 实验预习要求

(1) 复习 8255 的功能和编程方法,阅读理解步进电机的控制方法。

(2) 事先编写好实验中的程序。

11.5.3 实验内容

编写程序,利用 8255 的 B 端口控制步进电机运转。

11.5.4 实验预备知识

步进电机驱动原理是通过对每相线圈中电流的顺序切换来对步进电机的转动方向、速度、角度进行控制。所谓步进,就是指每给步进电机一个激励脉冲,步进电机各绕组的通电顺序就改变一次,电机就转动一个角度。调节激励脉冲的频率便可改变步进电机的转速。根据步进电机控制绕组的多少可以将电机分为三相、四相、五相或更多相。实验平台可连接的步进电机为四相八拍电机,电压为 DC12V,其内部励磁线圈引线如图 11-16 所示。其中 1～4 每个引线端对应一个绕组(相),5 端为公共连接端。

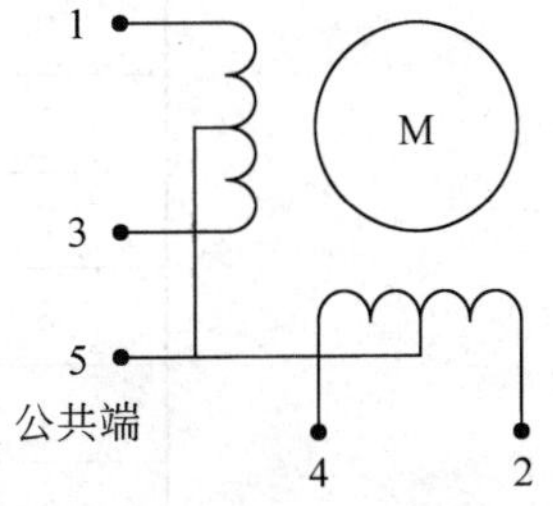

图 11-16 步进电机连线图

步进电机在应用中的驱动方式有很多种,基本驱动方式是公共端接电源的正极(+12V),四相绕组按顺序依次通电激励,使电机一步一步地旋转。如果按反顺序激励,则电机会反方向旋转。这就是单相四拍激励方式,其各线圈激励顺序如表 11-6 所示。表中的 1 表示通电(灰色格子),0 表示不通电。

单相激励方式有一个缺点,就是每次激励时,前一个激励脉冲已消失,后一个激励脉冲才到来,这样在两个激励脉冲瞬间步进电机上没有电流通过,会使电机转动不平稳,甚至可能造成失步。为解决这个问题,可以让后一个激励脉冲到来后,前一个激励脉冲才消失。这样步进电机的绕组中就有了连续电流,使电机步步相连,平稳旋转。这种驱动方式称为二相四拍激励方式,各线圈激励顺序如表 11-7 所示。

表 11-6　单相四拍激励方式的激励顺序

步序＼相	相 1	相 2	相 3	相 4
0	**1**	**0**	**0**	**0**
1	**0**	**1**	**0**	**0**
2	**0**	**0**	**1**	**0**
3	**0**	**0**	**0**	**1**

逆时针方向旋转 ↕ 顺时针方向旋转

表 11-7　二相四拍激励方式的激励顺序

步序＼相	1	2	3	4
0	**1**	**1**	**0**	**0**
1	**0**	**1**	**1**	**0**
2	**0**	**0**	**1**	**1**
3	**0**	**0**	**0**	**1**

逆时针方向旋转 ↕ 顺时针方向旋转

如果要使步进电机旋转更加平稳,还可以采用单双相八拍激励方式,即将前两种方式相结合。这种方式各线圈激励顺序如表 11-8 所示。本实验采用的就是单双相八拍激励方式。如前所述,表中的 1 表示通电(灰色格子),0 表示不通电。

表 11-8　单双相八拍激励方式的激励顺序

步序＼相	1	2	3	4
0	**1**	**0**	**0**	**0**
1	**1**	**1**	**0**	**0**
2	**0**	**1**	**0**	**0**
3	**0**	**1**	**1**	**0**
4	**0**	**0**	**1**	**0**
5	**0**	**0**	**1**	**1**
6	**0**	**0**	**0**	**1**
7(0)	**1**	**0**	**0**	**1**

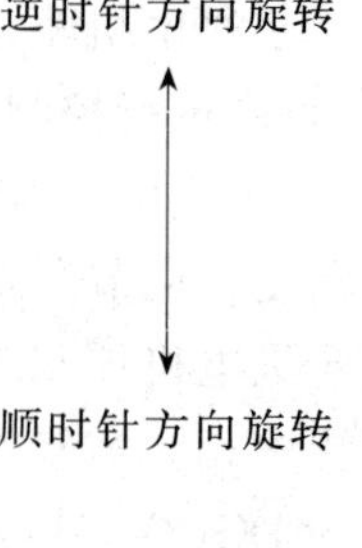

11.5.5　实验操作指导

使用 8255 的 B 端口输出激励脉冲。各步序中 PB 口引脚的电平如表 11-9 所示(注意:由于驱动单元除了提供驱动电流外,还相当于一个反相器,所以当 8255 的 B 端口的某一位输出 1 时,表示要激励相应的相绕组)。

表 11-9　各步序中 8255 的 PB 口各引脚电平

步　序	PB_3	PB_2	PB_1	PB_0	对应 B 端口输出值
0	0	0	0	1	01H
1	0	0	1	1	03H
2	0	0	1	0	02H
3	0	1	1	0	06H
4	0	1	0	0	04H
5	1	1	0	0	0CH
6	1	0	0	0	08H
7	1	0	0	1	09H

(1) 参考图 11-17 所示连接实验线路。

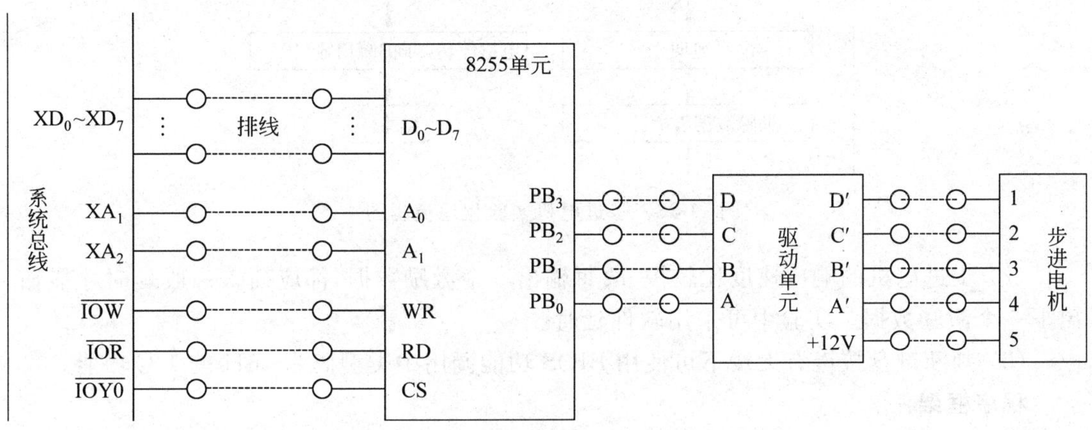

图 11-17　步进电机实验电路接线图

(2) 运行 Tdpit 集成操作软件,查看端口资源分配情况。记录与所使用片选信号对应的 I/O 端口起始地址。

(3) 参考图 11-18 所示流程编写实验程序,然后编译链接。

(4) 运行程序,观察步进电机的转动情况(注: 步进电机不使用时请断开连接器,以免误操作使电机发热烧毁)。

11.5.6　实验提示

(1) 为简单起见,可将 8 个步序的输出值定义在数据段中(用 0 表示结束),工作时直接从数据表中依次取出输出值输出即可(若输出值为 0,则应回到数据开始处再取值)。例如,输出数据可定义如下:

```
PB_DATA    DB  01H, 03H, 02H, 06H, 04H, 0CH, 08H, 09H, 0
```

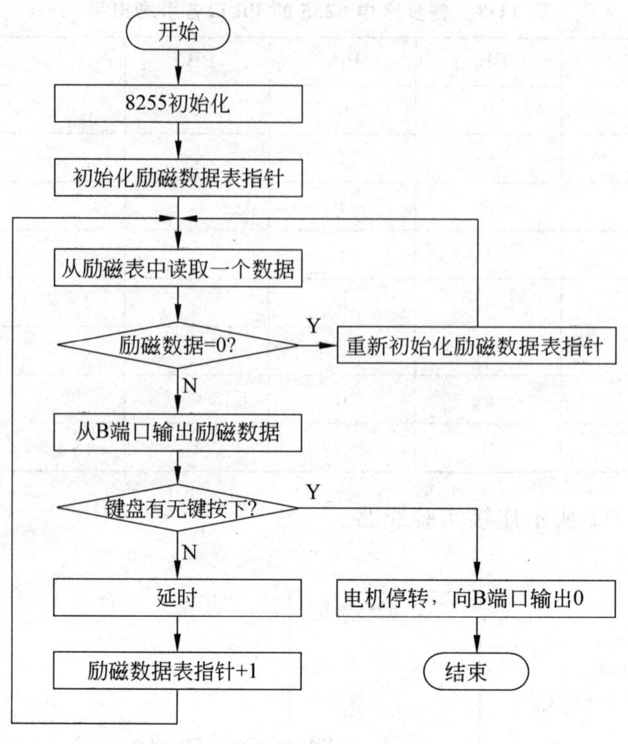

图 11-18　步进电机实验程序流程图

(2) 步进电机的响应速度比较慢,故每输出一个激励数据,都应插入一段延时才能输出下一个激励数据。实验中可采用软件延时。

(3) 判断键盘按键有无按下可使用 BIOS 功能调用中类型码为 16H 的 1 号功能。

程序框架:

```
;********请根据查看到的端口地址修改下面的 IOY0 符号值****************
IOY0          EQU   9800H
;*****************************************************************
MY8255_PORTA  EQU   IOY0+00H*2   ;8255 端口 A 地址
MY8255_PORTB  EQU   IOY0+01H*2   ;8255 端口 B 地址
MY8255_PORTC  EQU   IOY0+02H*2   ;8255 端口 C 地址
MY8255_CTRL   EQU   IOY0+03H*2   ;8255 控制寄存器端口地址


DATA  SEGMENT
;励磁数据表
MOTOR DB  01H, 03H, 02H, 06H, 04H, 0CH, 08H, 09H, 00H     ;0 表示励磁数据表结束
DATA  ENDS

CODE  SEGMENT
      ASSUME  CS:CODE, DS:DATA
```

```
MAIN: MOV AX,DATA
      MOV DS,AX
    8255初始化:B端口工作于方式0,为输出端口
RTT0:
    初始化励磁数据表指针
RTT1:
    从励磁数据表中取一个数据
    如果数据为0,则转到RTT0
    励磁数据从B端口输出
    测试PC键盘上有无按键按下,有则转到EXIT
    调用延时N个单位时间的子程序:DELAY_N
    励磁数据表指针加1
    JMP  RTT1
EXIT: 向B端口输出0
    MOV  AH, 4CH
    INT  21H
    延迟子程序
CODE ENDS
     END  MAIN
```

注意:程序中延时 N 个单位中的 N 值($N\geqslant 1$)可在实验时确定。N 的值越大,步进电机旋转越慢;N 的值越小,步进电机旋转越快。

11.5.7　实验习题

(1) 修改程序使步进电机反向旋转。

(2) 修改程序,使其能够从键盘输入1～9,根据值的大小调整延时参数,使步进电机的转动速度做出相应改变。

11.5.8　实验报告要求

(1) 按照参考流程图编写出完整的程序。

(2) 完成实验习题。

(3) 总结步进电机的控制方法。

11.6 A/D 转换实验

11.6.1 实验目的

(1) 学习掌握模/数信号转换基本原理。

(2) 掌握 ADC0809 芯片的使用方法。

11.6.2 实验预习要求

(1) 复习 ADC0809 的功能和使用方法。

(2) 事先编写好实验中的程序。

11.6.3 实验内容

编写实验程序,用 ADC0809 完成模拟信号到数字信号的转换。输入模拟信号为 A/D 转换单元中可调电位器提供的 0V～5V 电压信号,输出数字量显示在显示器屏幕上。显示形式为:

```
ADC0809:IN0  xx
```

其中 xx 是从 A/D 转换器读出的数字量,以十六进制数字形式显示。

11.6.4 实验预备知识

ADC0809 包括一个 8 位的逐次逼近型 ADC 和一个 8 通道的模拟多路开关以及寻址逻辑。用它可对 8 路模拟信号分时进行 A/D 转换,在多点巡回检测、过程控制等应用领域中使用非常广泛。ADC0809 的主要技术指标为:

- 分辨率: 8 位;
- 总的不可调误差: ±1LSB;
- 转换时间: 约 100μs(取决于时钟频率);
- 模拟量输入范围: 单极性 0V～5V。

实验中使用 ADC0809 将电位器输出的 0V～5V 电压值转换为 0～FFH 的数字量,然后将数字量转换为 ASCII 码显示在屏幕上。从 ADC0809 读回的数字量是一个 8 位的二进制数,为了将其以十六进制数形式显示,需要进行十六进制数到 ASCII 码的转换。转换方法如下。

(1) 取读回数的高 4 位,若在 0～9 之间,则转换为 0～9 的 ASCII 码(30H～39H);若在 0AH～0FH 之间,则转换为 A～F 的 ASCII 码(41H～46H)。

(2) 取读回数的低 4 位，若在 0～9 之间，则转换为 0～9 的 ASCII 码(30H～39H)；若在 0AH～0FH 之间，则转换为 A～F 的 ASCII 码(41H～46H)。

显示时，可以先显示"ADC0809：IN0"字符串，再显示以上转换后的两个 ASCII 码。也可以先将转换后的两个 ASCII 码插入到"ADC0809：IN0"字符串中，再将字符串一起显示。这种方法需要在定义字符串"ADC0809：IN0"时，在其后预留几个字节的空间。例如字符串可定义为：

```
STRING  DB  "ADC0809:IN0    $"
```

两个转换后的 ASCII 码就插入到 IN0 和 $ 之间的空格中。

11.6.5 实验步骤及说明

(1) 运行 Tdpit 集成操作软件，查看端口资源分配情况。记录与所使用片选信号对应的 I/O 端口始地址。

(2) 参考图 11-19 连接实验线路。

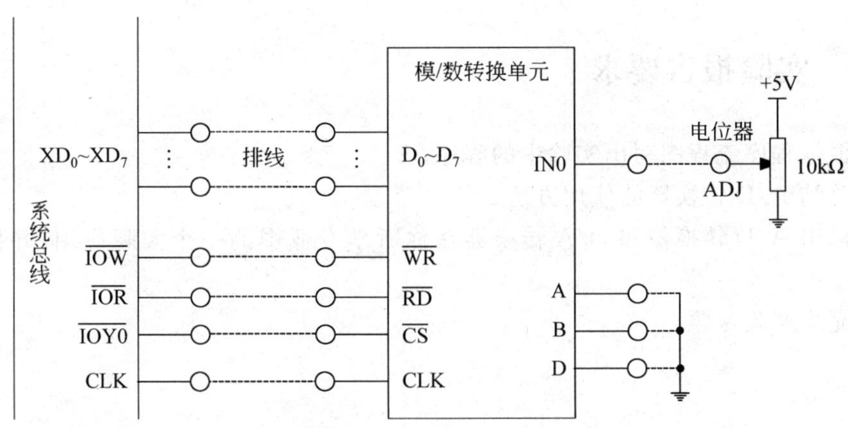

图 11-19　A/D 转换实验接线图

(3) 参考图 11-20 所示流程图编写控制程序，然后编译链接。

(4) 运行程序，调节电位器，观察屏幕上显示的数字量输出。

注意，由于 A/D 转换需要一定时间，启动转换后，需要延迟一段时间再读出转换结果(可用软件延时的方法)。

11.6.6 实验习题

仿照本实验(电路无须修改)，设计一个电平阈值检测程序，当 IN0 端的电压超过 4V 时，在屏幕上显示"High!"，当 IN0 端的电压低于 1V 时，在屏幕上显示"Low!"，当 IN0 端的电压在 1V～4V 之间时，在屏幕上显示"Normal!"。

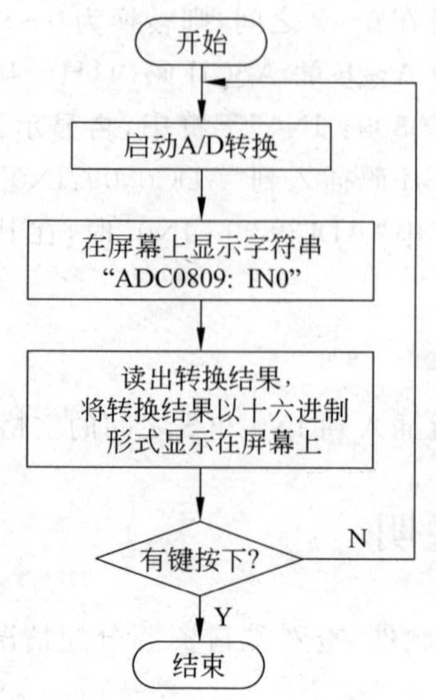

图 11-20　A/D 转换实验程序流程图

11.6.7　实验报告要求

(1) 根据程序流程图写出实验中的程序。

(2) 总结 A/D 转换器的使用方法。

(3) 提出 A/D 转换器和 D/A 转换器在你所学专业中的一个实际应用，并描述你的解决方案。

(4) 完成实验习题。

附录A TD.EXE 的使用说明

TD.EXE(简称 TD)是一个具有窗口界面的程序调试器。利用 TD,用户能够调试已有的可执行程序(后缀为.EXE);用户也可以在 TD 中直接输入程序指令,编写简单的程序。(在这种情况下,用户每输入一条指令,TD 就立即将输入的指令汇编成机器指令代码。)本书作为入门指导,下面简单介绍 TD 的使用方法,更详细深入的使用说明请参考相关资料。

A.1 TD 的启动

(1) 在 DOS 窗口中启动 TD。

① 仅启动 TD 而不载入要调试的程序

转到 TD.EXE 所在目录(假定为 C:\MASM),在 DOS 提示符下输入以下命令(用户只需输入带下画线的部分,↙表示回车键,下同):

```
C:\MASM>TD↙
```

用这种方法启动 TD,TD 会显示一个版权对话框,这时按回车键即可关掉该对话框。

② 启动 TD 并同时载入要调试的程序

转到 TD.EXE 所在目录,在 DOS 提示符下输入以下命令(假定要调试的程序名为 HELLO.EXE):

```
C:\MASM>TD  HELLO.EXE↙
```

若建立可执行文件时未生成符号名表,TD 启动后会显示 Program has no symbol table 的提示窗口,这时按回车键即可关掉该窗口。

(2) 在 Windows 中启动 TD。

① 仅启动 TD 而不载入要调试的程序

双击 TD.EXE 文件名,Windows 就会打开一个 DOS 窗口并启动 TD。启动 TD 后会显示一个版权对话框,这时按回车键即可关掉该对话框。

② 启动 TD 并同时载入要调试的程序

把要调试的可执行文件拖到 TD.EXE 文件名上,Windows 就会打开一个 DOS 窗口并启动 TD,然后 TD 会把该可执行文件自动载入到内存供用户调试。若建立可执行文件时未生成符号名表，TD 启动后会显示 Program has no symbol table 的提示窗口，这时按回车键即可关掉该窗口。

A.2 TD 中的数制

TD 支持各种进位记数制，但通常情况下屏幕上显示的机器指令码、内存地址及内容、寄存器的内容等均按十六进制显示(注：数值后省略了“H”)。在 TD 的很多操作中，需要用户输入一些数据、地址等，在输入时应遵循计算机中数的记数制标识规范：

十进制数后面加“D”或“d”，如 119d、85d 等；

八进制数后面加“O”或“o”，如 134o、77o 等；

二进制数后面加“B”或“b”，如 10010001b 等；

十六进制数后面加“H”或“h”，如 38h、0a5h、0ffh 等。

如果在输入的数后面没有用记数制标识字母来标识其记数制，TD 默认该数为十六进制数。但应注意，如果十六进制数的第一个数字为“a”～“f”，则前面应加 0，以区别于符号和名字。

TD 允许在常数前面加上正负号。例如，十进制数的－12 可以输入为－12d，十六进制数的－5a 可以输入为－5ah，TD 会自动把输入的带正负号的数转换为十六进制补码数。只有一个例外，当数据区的显示格式为字节时，若要修改存储单元的内容，则不允许用带有正负号的数，而只能手动转换成补码后再输入。

本实验指导书中所有的实验在输入程序或数据时，若没有特别说明，都可按十六进制数进行输入；若程序中需要输入负数，可按上述规则进行输入。

A.3 TD 的用户界面

(1) CPU 窗口。

TD 启动后呈现的是一个具有窗口形式的用户界面(如图 A-1 所示)，称为 CPU 窗口。CPU 窗口显示了 CPU 和内存的整个状态。

利用 CPU 窗口可以实现以下功能。

- 在代码区内使用嵌入汇编，输入指令或对程序进行临时性修改。
- 存取数据区中任何数据结构下的字节，并以多种格式显示或改变它们。
- 检查和改变寄存器(包括标志寄存器)的内容。

CPU 窗口分为 5 个区域：代码区、寄存器区、标志区、数据区和堆栈区。

在 5 个区域中，光标所在区域称为当前区域，用户可以使用 Tab 键或 Shift＋Tab 键切换当前区域，也可以在相应区域中单击选中某区域为当前区域。光标在各个区域中显示形式略有不同，在代码区、寄存器区、标志区和堆栈区呈现为一个反白条，在数据区为下画线形状。

在图 A-1 中，CPU 窗口上边框的左边显示的是处理器的类型(8086、80286、80386、

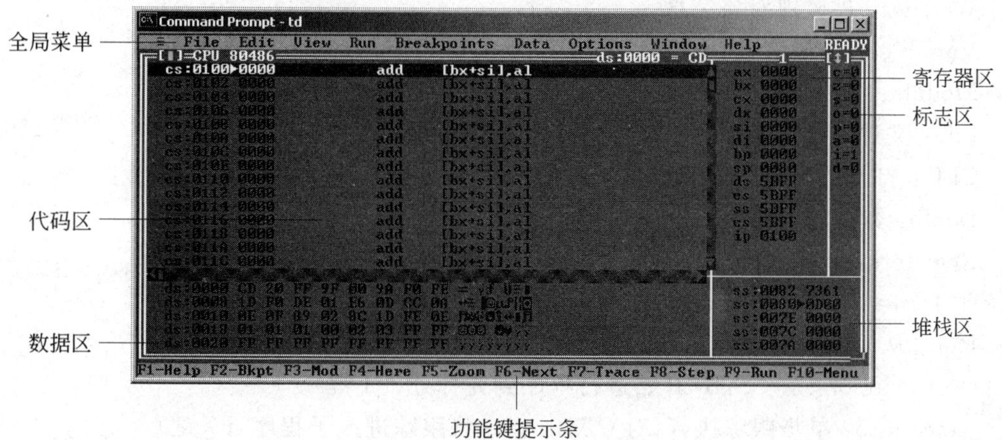

图 A-1　TD 的 CPU 窗口界面

80486 等，对于 80486 以上的 CPU 均显示为 80486）。上边框的中间靠右处显示了当前指令所访问的内存单元的地址及内容。再往右的“1”表示此 CPU 窗口是第一个 CPU 窗口，TD 允许同时打开多个 CPU 窗口。

CPU 窗口中的代码区用于显示指令地址、指令的机器代码以及相应的汇编指令；寄存器区用于显示 CPU 寄存器当前的内容；标志区用于显示 CPU 的 8 个标志位当前的状态；数据区用于显示用户指定的一块内存区的数据（十六进制）；堆栈区用于显示堆栈当前的内容。

在代码区和堆栈区分别显示有一个特殊标志“▸”，称为箭标。代码区中的箭标指示出当前程序指令的位置（CS:IP），堆栈区中的箭标指示出当前堆栈指针位置（SS:SP）。

（2）全局菜单介绍。

CPU 窗口的上面为 TD 的全局菜单条，可用“Alt 键＋菜单项首字符键”打开菜单项对应的下拉子菜单。在子菜单中用“↑”“↓”键选择所需的功能，按回车键即可执行所选择的功能。为简化操作，某些常用的子菜单项后标出了对应的快捷键。下面简单地介绍常用的菜单命令，详细的说明请查阅相关资料。

① File 菜单——文件操作。

Open：载入可执行程序文件准备调试。

Change dir：改变当前目录。

Get info：显示被调试程序的信息。

DOS shell：执行 DOS 命令解释器（用 EXIT 命令退回到 TD）。

Quit：退出 TD（Alt＋X 键）。

② Edit 菜单——文本编辑。

Copy：复制当前光标所在内存单元的内容到粘贴板（Shift＋F3 键）。

Paste：把粘贴板的内容粘贴到当前光标所在内存单元（Shift＋F4 键）。

③ View 菜单——打开一个信息查看窗口。

Breakpoints：断点信息。

Stack：堆栈段内容。

Watches：被监视对象信息。

Variables：变量信息。

Module：模块信息。

File：文件内容。

CPU：打开一个新的 CPU 窗口。

Dump：数据段内容。

Registers：寄存器内容。

④ Run 菜单——执行。

Run：从 CS:IP 开始运行程序直到程序结束(F9 键)。

Go to cursor：从 CS:IP 开始运行程序到光标处(F4 键)。

Trace into：单步跟踪执行(对 CALL 指令将跟踪进入子程序，F7 键)。

Step over：单步跟踪执行(对 CALL 指令将执行完子程序才停止，F8 键)。

Execute to：执行到指定位置(Alt＋F9 键)。

Until return 执行当前子程序直到退出(Alt＋F8 键)。

⑤ Breakpoints 菜单——断点功能。

Toggle：在当前光标处设置/清除断点(F2 键)。

At：在指定地址处设置断点(Alt＋F2 键)。

Delete all：清除所有断点。

⑥ Data 菜单——数据查看。

Inspector：打开观察器以查看指定的变量或表达式。

Evaluate/Modify：计算和显示表达式的值。

Add watch：增加一个新的表达式到观察器窗口。

⑦ Option 菜单——杂项。

Display options：设置屏幕显示的外观。

Path for source：指定源文件查找目录。

Save options：保存当前选项。

⑧ Window 菜单——窗口操作。

Zoom：放大/还原当前窗口(F5 键)。

Next：转到下一窗口(F6 键)。

Next Pane：转到当前窗口的下一区域(Tab 键)。

Size/Move：改变窗口大小/移动窗口(Ctrl＋F5 键)。

Close：关闭当前窗口(Alt＋F3 键)。

User screen：查看用户程序的显示(Alt＋F5 键)。

(3) 功能键。

菜单中的很多命令都可以使用功能键来简化操作。功能键分为 3 组：F1～F10 功能键，Alt＋F1～Alt＋F10 组合功能键以及 Ctrl 功能键(Ctrl 功能键实际上就是代码区的局部菜单)。CPU 窗口下面的提示条中显示了这 3 组功能键对应的功能。通常情况下提示条中显示的是 F1～F10 功能键的功能。按住 Alt 键不放，提示条中将显示 Alt＋F1～Alt

+F10 组合功能键的功能。按住 Ctrl 键不放，提示条中将显示各 Ctrl 功能键的功能。表 A-1 中列出了各功能键对应的功能。

表 A-1　各功能键对应的功能

功能键	功　能	功能键	功　能	功能键	功　能
F1	帮助	Alt+F1	帮助	Ctrl+G	定位到指定地址
F2	设/清断点	Alt+F2	设置断点	Ctrl+O	定位到 CS:IP
F3	查看模块	Alt+F3	关闭窗口	Ctrl+F	定位到指令目的地址
F4	运行到光标	Alt+F4	Undo 跟踪	Ctrl+C	定位到调用者
F5	放大窗口	Alt+F5	用户屏幕	Ctrl+P	定位到前一个地址
F6	下一窗口	Alt+F6	Undo 关窗	Ctrl+S	查找指定的指令
F7	跟踪进入	Alt+F7	指令跟踪	Ctrl+V	查看源代码
F8	单步跟踪	Alt+F8	跟踪到返回	Ctrl+M	选择代码显示方式
F9	执行程序	Alt+F9	执行到某处	Ctrl+N	更新 CS:IP
F10	激活菜单	Alt+F10	局部菜单		

局部菜单：TD 的 CPU 窗口中，每个区域都有一个局部菜单，局部菜单提供了对本区域进行操作的各个命令。**在当前区域中按 Alt+F10 组合功能键即可激活本区域的局部菜单**。代码区、数据区、堆栈区和寄存器区的局部菜单见图 A-2～图 A-5 所示。标志区的局部菜单非常简单，故没有再给出其图示。对局部菜单中各个命令的解释将在下面几节中分别进行说明。

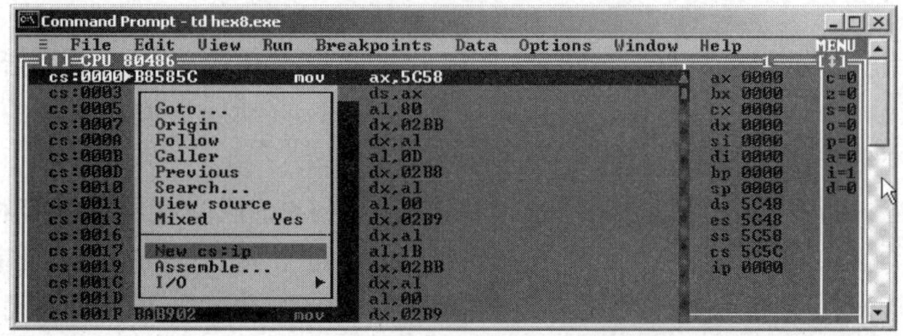

图 A-2　代码区的局部菜单

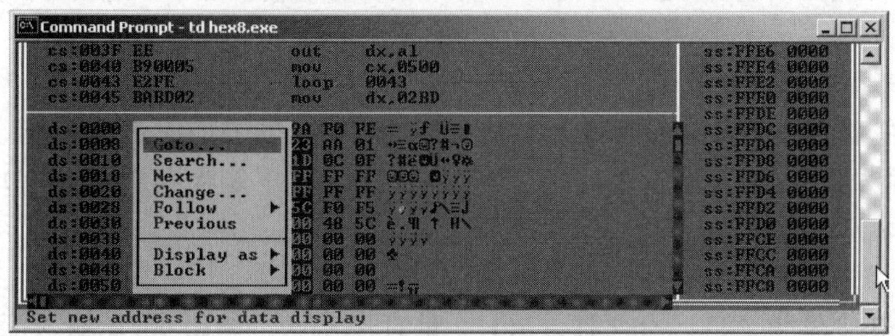

图 A-3　数据区的局部菜单

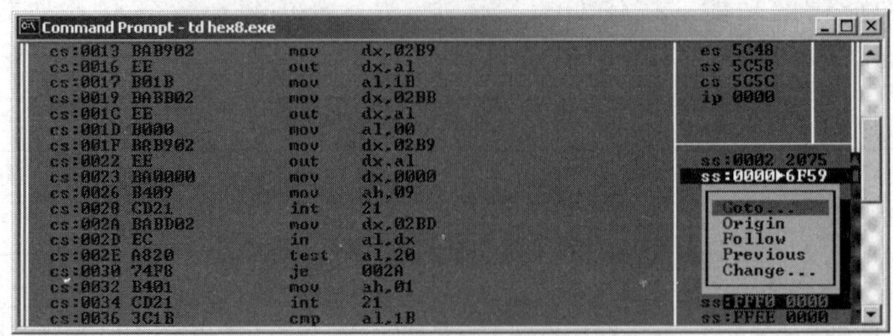

图 A-4　堆栈区的局部菜单

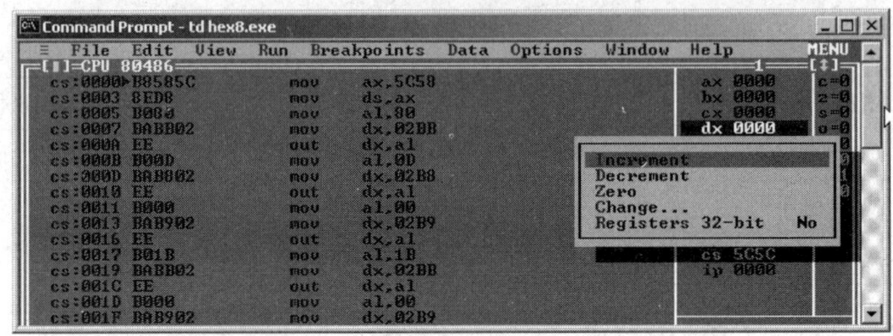

图 A-5　寄存器区的局部菜单

A.4　代码区的操作

代码区用来显示代码(程序)的地址、代码的机器指令和代码的反汇编指令。本区中显示的反汇编指令依赖于所指定的程序起始地址。TD 自动反汇编代码区的机器代码并显示对应的汇编指令。

每条反汇编指令的最左端是其地址,如果段地址与 CS 段寄存器的内容相同,则只显示字母 CS 和偏移量(CS:YYYY),否则显示完整的十六进制的段地址和偏移地址(XXXX:YYYY)。地址与反汇编指令之间显示的是指令的机器码。如果代码区当前光标所在指令引用了一个内存单元地址,则该内存单元地址和内存单元的当前内容显示在 CPU 窗口顶部边框的右部,这样不仅可以看到指令操作码,还可看到指令要访问的内存单元的内容。

(1) 输入并汇编一条指令。

有时用户需要在代码区临时输入一些指令。TD 提供了即时汇编功能,允许用户在 TD 中直接输入指令(但直接输入的指令都是临时性的,不能保存到磁盘上)。直接输入指令的步骤如下。

① 使用方向键把光标移到目标地址处。

② 打开指令编辑窗口。有两种方法:一是直接输入汇编指令,在输入汇编指令的同时屏幕上就会自动弹出指令的临时编辑窗口。二是激活代码区局部菜单(见(2)),选择其

中的汇编命令，屏幕上也会自动弹出指令的临时编辑窗口。

③ 在临时编辑窗口中输入/编辑指令，每输入完一条指令，按回车键，输入的指令即可出现在光标处，同时光标自动下移一行，以便输入下一条指令。注意，临时编辑窗口中输入过的指令均可重复使用，只要在临时编辑窗口中用方向键把光标定位到所需的指令处，按回车键即可。如果临时编辑窗口中没有完全相同的指令，但只要有相似的指令，就可对其进行编辑后重复使用。

(2) 代码区局部菜单。

当代码区为当前区域时(若代码区不是当前区域，可连续按 Tab 键或 Shift＋Tab 组合键使代码区成为当前区域)，**按 Alt＋F10 组合键即可激活代码区局部菜单**，代码区局部菜单的外观如图 A-2 所示。

① Goto(转到指定位置)。

此命令可在代码区显示任意指定地址开始的指令序列。用户可以输入当前被调试程序以外的地址以检查 ROM、BIOS、DOS 及其他驻留程序。此命令要求用户提供要显示的代码起始地址。使用 Previous 命令可以恢复到本命令使用前的代码区位置。

② Origin(回到起始位置)。

从 CS：IP 指向的程序位置开始显示。在移动光标使屏幕滚动后想返回起始位置时可使用此命令。使用 Previous 命令可恢复到本命令使用前的代码区位置。

③ Follow(追踪指令转移位置)。

从当前指令所要转向的目的地址处开始显示。使用本命令后，整个代码区从新地址处开始显示。对于条件转移指令(JE、JNZ、LOOP、JCXZ 等)，无论条件满足与否，都能追踪到其目的地址。也可以对 CALL、JMP 及 INT 指令进行追踪。使用 Previous 命令可恢复到本命令使用前的代码区位置。

④ Caller(转到调用者)。

从调用当前子程序的 CALL 指令处开始显示。本命令用于找出当前显示的子程序在何处被调用。使用 Previous 命令可恢复到本命令使用前的代码区位置。

⑤ Previous(返回到前一次显示位置)。

如果上一条命令改变了显示地址，本命令能恢复上一条命令被使用前的显示地址。注意光标键、PgUp 键、PgDn 键不会改变显示地址。若重复使用本命令，则在当前显示地址和前一次显示地址之间切换。

⑥ Search(搜索)。

本命令用于搜索指令或字节列表。注意，本命令只能搜索那些不改变内存内容的指令。如：

```
PUSH  DX
POP   [DI+4]
ADD   AX,100
```

搜索以下指令可能会产生意想不到的结果：

```
JE    123
```

```
CALL  MYFUNC
LOOP  100
```

⑦ View Source(查看源代码)。

本命令打开源模块窗口,显示与当前反汇编指令相应的源代码。如果代码区的指令序列没有源程序代码,则本命令不起作用。

⑧ Mixed(混合)。

本命令用于选择指令与代码的显示方式,有如下 3 个选择。

- No:只显示反汇编指令,不显示源代码行。
- Yes:如当前模块为高级语言源模块,应使用此选择。源代码行被显示在第一条反汇编指令之前。
- Both:如当前模块为汇编语言源模块,应使用此选择。在有源代码行的地方就显示该源代码行,否则显示汇编指令。

⑨ New cs:ip(设置 CS:IP 为当前指令行的地址)。

本命令把 CS:IP 设置为当前指令所在的地址,以便使程序从当前指令处开始执行。用这种方法可以执行任意一段指令序列,或者跳过那些不希望执行的程序段。注意,不要使用本命令把 cs:ip 设置为当前子程序以外的地址,否则有可能引起整个程序崩溃。

⑩ Assemble(即时汇编)。

本命令可即时汇编一条指令,以代替当前行的某条指令。注意,若新汇编的指令与当前行的指令长度不同,其后面机器代码的反汇编显示会发生变化。

也可以直接在当前行处输入一条汇编指令来激活此命令。

⑪ I/O(输入输出)。

本命令用于对 I/O 端口进行读写。选择此命令后,会再弹出下一级子菜单,如图 A-6 所示。子菜单中的命令解释如下。

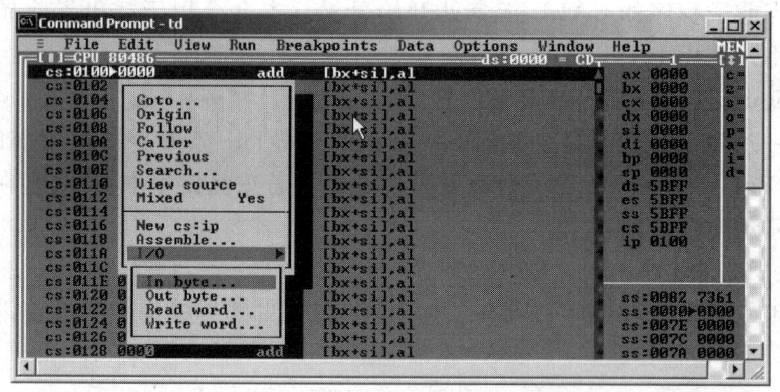

图 A-6　输入输出子菜单

- In byte(输入字节):用于从 I/O 端口输入一个字节。用户需提供端口地址。
- Out byte(输出字节):用于往 I/O 端口输出一个字节。用户需提供端口地址。
- Read word(输入字):用于从 I/O 端口输入一个字。用户需提供端口地址。
- Write word(输出字):用于往 I/O 端口输出一个字。用户需提供端口地址。

A.5 寄存器区和标志区的操作

寄存器区显示了CPU各寄存器的当前内容。标志区显示了8个CPU标志位的当前状态，表A-2列出了各标志位在该区的缩写字母及名称。

表A-2 标志区中各标志位的缩写字母及名称

标志区字母	标志位名称	标志区字母	标志位名称
c	进位(Carry)	p	奇偶(Parity)
z	全零(Zero)	a	辅助进位(Auxiliary carry)
s	符号(Sign)	i	中断允许(Interrupt enable)
o	溢出(Overflow)	d	方向(Direction)

(1) 寄存器区局部菜单。

当寄存器区为当前区域时(若寄存器区不是当前区域，可连续按Tab键或Shift+Tab组合键使寄存器区成为当前区域)，按Alt+F10组合键即可激活寄存器区局部菜单，寄存器区局部菜单的外观如图A-5所示。各菜单项的功能如下。

- Increment(加1)：本命令用于把当前寄存器的内容加1。
- Decrement(减1)：本命令用于把当前寄存器的内容减1。
- Zero(清零)：本命令用于把当前寄存器的内容清零。
- Change(修改)：本命令用于修改当前寄存器的内容。选择此命令后，屏幕上会弹出一个输入框。在输入框中输入新值并按回车键后，该新值将取代原来该寄存器的内容。

当然，修改寄存器的内容还有一个更简单的变通方法，即把光标移到所需的寄存器上，然后直接输入新的值。

- Registers 32bit(32位寄存器)：按32位格式显示CPU寄存器的内容(默认为16位格式)。在286以下的CPU或实方式时只需使用16位显示格式即可。

(2) 修改标志位的内容。

用局部菜单的命令修改标志位的内容比较烦琐。实际上只要把光标定位到要修改的标志位上按回车键或空格键即可使标志位的值在0和1之间变化。

A.6 数据区的操作

数据区显示了从指定地址开始的内存单元的内容。每行左边按十六进制显示段地址和偏移地址(XXXX:YYYY)。若段地址与当前DS寄存器内容相同，则显示DS和偏移量(DS:YYYY)。地址的右边根据Display as局部菜单命令所设置的格式显示一个或多个数据项。对字节(Byte)格式,每行显示 8 个字节;对字(Word)格式,每行显示 4 个字;对浮点(Comp、Float、Real、Double、Extended)格式,每行显示 1 个浮点数;对长字(Long)格式,每行显示 2 个长字。

当以字节方式显示数据时,每行的最右边显示相应的 ASCII 码字符,TD 能显示所有字节值所对应的 ASCII 码字符。

(1) 显示/修改数据区的内容。

在默认的情况下,TD 在数据区显示的是从当前指令所访问的内存地址开始的存储区域内容。但用户也可用局部菜单中的 Goto 命令显示任意指定地址开始的内存区域的内容。TD 还提供了让用户修改存储单元内容的功能,用户可以很方便地把任意一个内存单元的内容修改成所期望的值。但要注意,若修改了系统使用的内存区域,将会产生不可预料的结果,甚至会导致系统崩溃。修改内存单元内容的步骤如下。

① 使用局部菜单中的 Goto 命令,并结合方向键把光标移到期望的地址单元处(注意,数据区的光标是一个下画线)。

② 打开数据编辑窗口。有两种方法:一是直接输入数据,在输入数据的同时屏幕上就会自动弹出数据编辑窗口;二是激活数据区局部菜单(见附录 A.7),选择其中的 Change 命令,屏幕上也会弹出数据编辑窗口。

③ 在数据编辑窗口中输入所需的数据,输入完成后,按回车键,输入的数据就会替代光标处的原始数据。注意,数据编辑窗口中输入过的数据均可重复使用,只要在数据编辑窗口中用方向键把光标定位到所需的数据处,按回车键即可。

(2) 数据区局部菜单。

当数据区为当前区域时(若数据区不是当前区域,可连续按 Tab 键或 Shift+Tab 组合键使数据区成为当前区域),与其他区域一样,在数据区同样是通过按 **Alt+F10 组合键来激活数据区局部菜单**,数据区局部菜单的外观如图 A-3 所示,下面给出各菜单项的功能描述。

① Goto(转到指定位置)。

此命令可把任意指定地址开始的存储区域的内容显示在 CPU 窗口的数据区中。除了可以显示用户程序的数据区外,还可以显示 BIOS 区、DOS 区、驻留程序区或用户程序外的任意一个地址区域。此命令要求用户提供需要显示的起始地址。

② Search(搜索)。

此命令允许用户从光标所指的内存地址开始搜索一个特定的字节串。用户必须输入一个要搜索的字节列表。搜索从低地址向高地址进行。

③ Next(下一个)。

搜索下一个匹配的字节串(由 Search 命令指定的)。

④ Change(修改)。

本命令用于修改当前光标处的存储单元的内容。选择此命令后,屏幕上会弹出一个输入框,在输入框中输入新的值,然后按回车键,这个新的值就会取代原来该单元的内容。

修改存储单元的内容还有一个更简单的方法,即把光标移到所要求的存储单元位置上,然后直接输入新的值。

⑤ Follow(遍历)。

本命令可以根据存储单元的内容转到相应地址处并显示其内容(即把当前存储单元的内容当作一个内存地址看待)。此命令有下一级子菜单,如图 A-7 所示。子菜单中的命令解释如下。

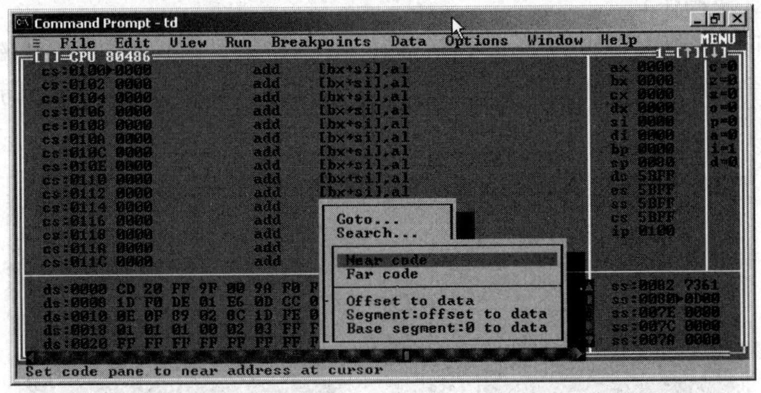

图 A-7 Follow(遍历)子菜单

- Near code(代码区近跳转):本子菜单命令将数据区中光标所指的一个字作为当前代码段的新偏移量,使代码区定位到新地址处并显示新内容。
- Far code(代码区远跳转):本子菜单命令将数据区中光标所指的一个双字作为新地址(段值和偏移量),使代码区定位到新地址处并显示新内容。
- Offset to data(数据区近跳转):本子菜单命令将光标所指的一个字作为数据区的新的偏移量,使数据区定位到以该字为偏移量的新地址处并显示。
- Segment: offset to data(数据区远跳转):本子菜单命令将光标所指的一个双字作为数据区的新的起始地址,使数据区定位到以该双字为起始地址的位置并显示。
- Base segment: 0 to data(数据区新段):本子菜单命令将光标所指的一个字作为数据段的新段值,使数据区定位到以该字为段址,以 0 为偏移量的位置并显示。

⑥ Previous(返回到前一次显示位置)。

即把数据区恢复到上一条命令使用前的地址处显示。上一条命令如果确实修改了显示地址(如 Goto 命令),本命令才有效。注意,光标键、PgUp 键、PgDn 键并不能修改显示起始地址。

TD 在堆栈中保存了最近用过的 5 个显示起始地址,所以多次使用了 Follow 命令或 Goto 命令后,本命令仍能让用户返回到最初的显示起始位置。

⑦ Display as(显示方式)。

本命令用于选择数据区的数据显示格式。共有 8 种格式,描述如下。

- Byte:按字节(十六进制)进行显示。
- Word:按字(十六进制)进行显示。
- Long:按长整型数(十六进制)进行显示。
- Comp:按 8 字节整数(十进制)进行显示。

- Float：按短浮点数(科学计数法)进行显示。
- Real：按 6 字节浮点数(科学计数法)进行显示。
- Double：按 8 字节浮点数(科学计数法)进行显示。
- Extended：按 10 字节浮点数(科学计数法)进行显示。

⑧ Block(块操作)。

本命令用于进行内存块的操作，包括移动，清除和设置内存块初值，从磁盘中读内容到内存块或写内存块内容到磁盘中。本命令有下一级子菜单，如图 A-8 所示。子菜单中的命令解释如下。

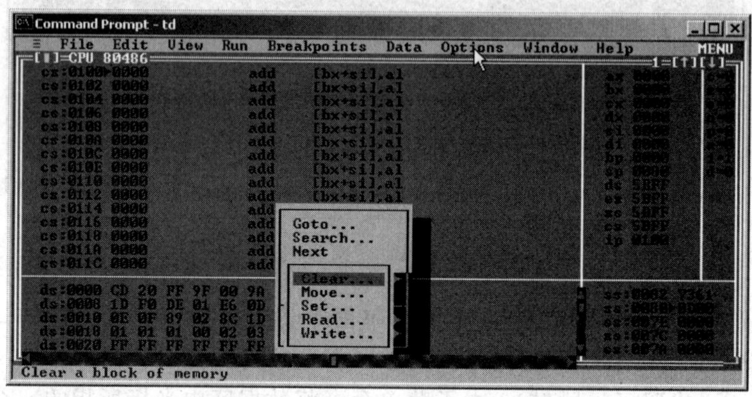

图 A-8 Block(块操作)子菜单

- Clear(块清零)：把整个内存块的内容全部清零，要求输入块的起始地址和块的字节数。
- Move(块移动)：把一个内存块的内容复制到另一个内存块。要求输入源块起始地址、目标块起始地址和源块的字节数。
- Set(块初始化)：把整个内存块内容设置为指定的同一个值。要求输入起始地址、块的字节数和所要设置的值。
- Read(读取)：读文件内容到内存块中。要求输入文件名、内存块起始地址和要读取的字节数。
- Write(写入)：写内存块内容到文件中。要求输入文件名、内存块起始地址和要写入的字节数。

A.7 堆栈区的操作

当堆栈区为当前区域时(若堆栈区不是当前区域，可连续按 Tab 键或 Shift＋Tab 组合键使堆栈区成为当前区域)，按 Alt＋F10 组合键即可激活堆栈区局部菜单，堆栈区局部菜单的外观如图 A-4 所示。堆栈区局部菜单中各菜单项的功能与数据区局部菜单的同名功能完全一样，只是其操作对象为堆栈区，故此不再赘述。

A.8 TD使用入门的10个怎么办

(1) 如何载入被调试程序?

① 方法1：转到TD.EXE所在目录，在DOS提示符下输入以下命令：

```
C:\MASM>TD↙
```

进入TD后，按Alt+F组合键打开File菜单，选择Open，在文件对话框中输入要调试的程序名，按回车键。

② 方法2：转到TD.EXE所在目录，在DOS提示符下输入以下命令(假定要调试的程序名为HELLO.EXE)：

```
C:\MASM>TD  HELLO.EXE↙
```

③ 方法3：在Windows操作系统中，打开TD.EXE所在目录，把要调试的程序图标拖放到TD的图标上。

(2) 如何输入(修改)汇编指令?

① 用Tab键选择代码区为当前区域。

② 用方向键把光标移到目标地址处，如果是输入一个新的程序段，建议把光标移到CS:0100H处。

③ 打开指令编辑窗口，有以下两种方法。

- 一是在光标处直接输入汇编指令，在输入汇编指令的同时屏幕上就会自动弹出指令的临时编辑窗口。
- 二是用Alt+F10组合键激活代码区局部菜单，选择其中的汇编命令，屏幕上也会自动弹出指令的临时编辑窗口。

④ 在临时编辑窗口中输入/编辑指令，每输入完一条指令，按回车键，输入的指令即可出现在光标处(替换掉原来的指令)，同时光标自动下移一行，以便输入下一条指令。

(3) 如何查看/修改数据段的数据?

① 用Tab键选择数据区为当前区域。

② 使用局部菜单中的Goto命令并结合方向键把光标移到目标地址单元处(注意数据区的光标是一个下画线)，数据区就从该地址处显示内存单元的内容。

③ 若要修改该地址处的内容，则需打开数据编辑窗口。有以下两种方法。

- 一是在光标处直接输入数据，在输入数据的同时屏幕上就会自动弹出数据编辑窗口。
- 二是用Alt+F10组合键激活数据区局部菜单，选择其中的Change命令，屏幕上也会弹出数据编辑窗口。

④ 在数据编辑窗口中输入所需的数据，输入完成后，按回车键，输入的数据就会替代光标处的原始数据。

(4) 如何修改寄存器内容?

① 用Tab键选择寄存器区为当前区域。

② 用方向键把光标移到要修改的寄存器上。

③ 打开编辑输入窗口。有以下两种方法。

- 一是在光标处直接输入所需的值,在输入的同时屏幕上就会自动弹出编辑输入窗口。
- 二是用 Alt+F10 组合键激活寄存器区局部菜单,选择其中的 Change 命令,屏幕上也会弹出编辑输入窗口。

④ 在编辑输入框中输入所需的值,然后按回车键,这个新的值就会取代原来该寄存器的内容。

(5) 如何修改标志位内容?

① 用 Tab 键选择标志区为当前区域。

② 用方向键把光标移到要修改的标志位上。

③ 按回车键或空格键即可使标志位的值在 0 和 1 之间变化。

(6) 如何指定程序的起始执行地址?

方法一:

① 用 Tab 键选择代码区为当前区域。

② 用 Alt+F10 组合键激活代码区局部菜单,选择局部菜单中的"New cs:ip"命令。

方法二:

① 用 Tab 键选择寄存器区为当前区域。

② 用方向键把光标移到 CS 寄存器上,输入程序起始地址的段地址。

③ 用方向键把光标移到 IP 寄存器上,输入程序起始地址的偏移量。

(7) 如何单步跟踪程序的执行?

① 用上述第(6)条中的方法首先指定程序的起始执行地址。

② 按 F7 键或 F8 键,每次将只执行一条指令。

注意:若当前执行的指令是 CALL 指令,则按 F7 键将跟踪进入被调用的子程序,而按 F8 键则把 CALL 指令及其调用的子程序当作一条完整的指令,要执行完子程序才停在 CALL 指令的下一条指令上。

(8) 如何只执行程序的某一部分指令?

方法一:用设置断点的方法。

① 用上述第(6)条中的方法首先指定程序的起始执行地址。

② 用方向键把光标移到要执行的程序段的最后一条指令的下一条指令上(注意,不能移到最后一条指令上,否则最后一条指令将不会被执行),按 F2 键设置断点。也可按 Alt+F2 组合键,然后在弹出的输入窗口中输入断点地址。

③ 按 F9 键执行,程序将会停在所设置的断点处。

方法二:用"运行程序到光标处"的方法。

① 用上述第(6)条中的方法首先指定程序的起始执行地址。

② 用方向键把光标移到要执行的程序段的最后一条指令的下一条指令上(注意,不能移到最后一条指令上,否则最后一条指令将不会被执行)。

③ 按 F4 键执行程序，程序将会执行到光标处停下。

方法三：用“执行到指定位置”的方法。

① 用上述第 6 条中的方法首先指定程序的起始执行地址。

② 按 Alt+F9 组合键，在弹出的输入窗口中输入要停止的地址（即要停在哪条指令上，就输入哪条指令的地址），按回车键，程序将会执行到指定位置处停下。

(9) 如何查看被调试程序的显示输出？

按 Alt+F5 组合键可查看被调试程序的显示输出。

(10) 如何在 Windows 2000 中把 TD 的窗口设置得大一些？

按 Alt+O 组合键，在下拉菜单中选择 Display options 项，在弹出的对话框中，用 Tab 键选择 Screen lines 选项，用“←”“→”方向键选中“43/50”，按回车键，然后按 F5 键，使 CPU 窗口充满 TD 窗口。